国家自然科学基金(编号:41602234和41572203)
中国地质大学(武汉)中央高校基本科研业务费(编号:CUGL180406和CUGCJ1707) 联合资助
中国博士后科学基金(编号:2017T100589和2015M580676)

ZANHUANG ZAOQIAN HANWUJI DIQIAO YANHUA

赞皇早前寒武纪地壳演化

王军鹏 蒂姆·柯斯基 ◎ 著

图书在版编目(CIP)数据

赞皇早前寒武纪地壳演化/王军鹏等著．—武汉：中国地质大学出版社，2019.11
ISBN 978-7-5625-4264-3

Ⅰ．①赞…
Ⅱ．①王…
Ⅲ．①早寒武世-地壳运动-研究-赞皇县
Ⅳ．①P548.222.4

中国版本图书馆 CIP 数据核字(2018)第 061851 号

赞皇早前寒武纪地壳演化 王军鹏 蒂姆·柯斯基 **著**

责任编辑：彭 琳 责任校对：徐蕾蕾

出版发行：中国地质大学出版社(武汉市洪山区鲁磨路 388 号) 邮编：430074
电 话：(027)67883511 传 真：(027)67883580 E-mail：cbb @ cug.edu.cn
经 销：全国新华书店 http://cugp.cug.edu.cn

开本：787 毫米×1092 毫米 1/16 字数：171 千字 印张：7
版次：2019 年 11 月第 1 版 印次：2019 年 11 月第 1 次印刷
印刷：武汉市籍缘印刷厂 印数：1—500 册

ISBN 978-7-5625-4264-3 定价：48.00 元

前　言

长期以来，华北克拉通早前寒武纪基底的形成和大地构造演化问题尚未形成统一的观点。近几十年来，随着对板块构造理论理解的深入，相对普遍接受的观点是华北克拉通的三分模式，即由东部陆块、西部陆块和中部造山带构成。然而，在华北克拉通古老构造边界的划分、两陆块碰撞拼合时代和俯冲极性等关键科学问题上依然存在很大的争议。赞皇地块位于华北克拉通中部呈近南北向展布的中部造山带的东南缘，太行山东麓，阜平地块以南。由于特殊的地质地理位置，赞皇地块是认识和探讨华北克拉通构造区演化关系、太古宙古老陆壳性质及运动规律的重要接合部位和关键地区，近年来受到国内外前寒武纪地质学者的高度关注。然而，相对于华北克拉通中部造山带北段各个地块而言，对赞皇地块古老地壳演化、形成时代及机制等方面的研究还非常薄弱，主要原因为早期的地质事件被后期更广泛分布、高级变质的地质事件所叠加，导致难以识别早期的构造特征和构造，进而增加了恢复研究区构造演化历史的难度。因此，加强对古老地体典型构造现象的野外识别，联合室内多学科实验综合分析尤为重要，且迫在眉睫。

带着上述思想，在前人研究的基础上，笔者对赞皇地块开展了大量的、详细的野外考察和关键剖面、露头的大比例尺填图工作。笔者发现赞皇地块内保存有一套由变泥质岩、变砂质岩、大理岩、变石灰岩、超镁铁质岩和变辉长岩的构造岩块、局部含残余枕状熔岩的变基性岩，以及 TTG 片麻岩等多种岩性组成的构造成因复杂的构造混杂岩，这些岩石镶嵌在变质泥岩、变质砂岩和斜长角闪岩的基质里。这套构造混杂岩是一套由不同来源的岩块和遍布于其间的变沉积岩和蛇纹岩基质组成的基底单元，并经历了强烈的变形变质作用。笔者以这套新识别出的构造混杂岩为研究对象，对其内部组构及运动学、年代学进行了综合研究，并结合侵入混杂岩内约 2.5Ga 王家庄花岗岩和未变形伟晶岩脉的详细岩石地球化学、同位素和年代学研究以及变沉积岩的时代和成因研究，总结和对比了整个华北克拉通内约 2.5Ga 花岗质岩浆侵入事件，以期为存在争议的赞皇地块早前寒武纪形成机制和时代提供约束，进而探讨华北克拉通太古宙大地构造演化模式。笔者重点研究探讨了以下问题：①赞皇构造混杂岩的厘定、岩石构造组合、组构及运动学和形成时代；②赞皇构造混杂岩成因及大地构造意义；③赞皇地块古老花岗质岩石成因及大地构造意义；④赞皇地块变沉积岩时代及大地构造意义；⑤赞皇地块古老基底形成时代、拼合方式、俯冲-碰撞极性；⑥赞皇地块早前寒武纪构造演化模式；⑦板块构造运动在地球上的启动时间。

本书是笔者在硕士、博士研究生阶段和博士后期间的学习和研究总结。通过前后 8 年的工作，取得了大量野外和室内素材，这些资料及数据为赞皇地块早前寒武纪地质演化规律的提出及地壳演化模式的建立奠定了坚实的基础。当然，早前寒武纪地质研究是一项高度综合性的研究，本书主要以构造研究为主线，难免有些片面认识。

本书共分为8章：第一章绪论，主要介绍研究区地质地理位置、国内外研究现状及存在的问题；第二章介绍研究区地质概况；第三章介绍新太古代赞皇构造混杂岩组构和运动学分析以及年代学；第四章介绍研究区约2.5Ga岩浆作用，包括了岩相学、地球化学、同位素地球化学和年代学工作；第五章介绍研究区变沉积岩年代学；第六章讨论赞皇地块早前寒武纪地壳演化模式；第七章简要对比太古宙和显生宙混杂岩的异同点；第八章简要讨论新太古代赞皇构造混杂岩对地球上板块构造运动启动时间的约束。

尽管笔者在赞皇地块已进行了多年野外地质调查和研究工作，但面对华北地区如此丰富、典型的复杂地质现象和地球科学日新月异的发展，深感自己的能力和专业知识水平有限，特别是对关键科学问题的认识仍需进一步深入研究和讨论。由于水平有限、时间仓促，对书中存在的不足和错漏之处恳请各位同仁和读者批评指正。

王军鹏
2019年11月

目　录

第一章　绪　论 …………………………………………………………………… (1)

第一节　研究区构造位置及自然地理概况 ……………………………………… (1)

第二节　国内外研究现状及存在问题 …………………………………………… (1)

第二章　研究区地质概况 ……………………………………………………… (5)

第一节　前寒武纪岩石地层单元 ………………………………………………… (5)

第二节　变质作用及变形作用 …………………………………………………… (7)

第三节　地质单元划分 …………………………………………………………… (8)

第三章　新太古代赞皇构造混杂岩研究 ………………………………………… (16)

第一节　赞皇构造混杂岩厘定 …………………………………………………… (16)

第二节　赞皇混杂岩组构及运动学分析 ………………………………………… (20)

第三节　赞皇混杂岩形成时代 …………………………………………………… (32)

第四章　华北克拉通岩浆作用(约 2.5Ga)研究 ………………………………… (64)

第一节　赞皇地块王家庄花岗质岩石(约 2.5Ga)地球化学研究 ……………… (64)

第二节　赞皇地块郝庄花岗质岩石地球化学和年代学研究 …………………… (70)

第三节　华北克拉通花岗质岩石和基性岩墙(约 2.5Ga)综述 ………………… (80)

第五章　赞皇地块变沉积岩序列年代学研究 …………………………………… (87)

第六章　赞皇地块早前寒武纪地壳演化模式 …………………………………… (89)

第一节　弧-陆碰撞(约 2.5Ga) ………………………………………………… (89)

第二节　俯冲极性倒转(约 2.5Ga) ……………………………………………… (89)

第七章　太古宙与显生宙混杂岩对比 …………………………………………… (92)

第八章　对地球上板块构造运动启动时间约束 ………………………………… (93)

主要参考文献 ……………………………………………………………………… (94)

第一章 绪 论

第一节 研究区构造位置及自然地理概况

一、构造位置

华北克拉通北邻中亚造山带(Central Asian Orogenic Belt),南邻秦岭-大别造山带(Qinling-Dabie Orogen),西邻祁连山造山带(Qilianshan Orogen),东邻苏鲁造山带(Sulu Orogen)。华北克拉通保存着地球表面极为古老的岩石,记录了地壳早期演化的重要信息,是认识地球早期历史、研究早期地壳演化的一个得天独厚的野外实验室。赞皇地块研究区位于华北克拉通中部呈近南北向展布的中部造山带的东南缘,太行山东麓,阜平地块以南,呈南北向展布,总面积达 3900km²。地理坐标:北纬 36°50′—38°00′,东经 143°50′—144°30′。

二、自然地理概况

研究区西依巍峨的太行山脉,东邻一望无际的华北平原,地势西高东低。区内海拔一般为 500~1200m,最高山峰太子岩达 1140m。山谷多沿东西向分布,切割中等。区内河谷较发育,一般春秋干涸无水,7—8 月雨季常形成阵发性洪水,有时形成洪涝灾害。本区属温带大陆性气候,冬季寒冷干燥,春季干旱多风沙,夏季潮湿炎热,夏末秋初阴雨连绵。雨季多集中在 6—9 月,年平均降水量为 560~583mm,月最大降水量为 313.7mm。

第二节 国内外研究现状及存在问题

研究区位于太行山南段东麓,矿产资源较丰富,故开展地质工作历史悠久。自 19 世纪末,本区先后有一些中外地质学家开展以铁矿为主的地质调查和研究工作。20 世纪 60 年代以来,多家单位先后在研究区开展了区域地质调查、矿产普查与勘探、地球物理探矿、水文地质调查等工作,这些单位包括北京地质学院实习队、河北省地质局区域地质调查大队、河北省煤田勘探公司、太行山地质队、邯邢综合大队、河北省地质局第十一地质大队、河北省地质局第十二地质大队、河北省地质局水文队、天津地质勘查队等。通过前期的地质工作,研究人员获得了大量丰富的地质资料,积累了许多宝贵经验,具有一定的参考价值。1970 年以来,随着矿产开发利用的高速发展，科研工作在本区也得到全面展开。各科研单位和学者相继发表了相当数量的科研报告和专题论文，为本区地质科研工作发展起到了推动作用，尤其在研究区古老基底演化、褶皱变形、地壳演化规律等研究方向上拓宽了视野，打开了思路。赞皇地块位置非常独特，是研究和剖析华北克拉通东、西陆块碰撞造山作用的关键地区之一。然而，近几十年的科学研究发现，学术界仍未对赞皇地块古老基底的形成时代及其构造演化乃至整个华北克拉通早前寒武纪基底的形成和大地构造演化问题形成较为统一的认识。

早期研究认为华北克拉通早前寒武纪基底在太古宙通过陆核增长逐渐形成。之后，一些学者提出华北克拉通是通过不同微陆块拼合而成。近几十年来，随着对板块构造理论理解的深入，多数学者认为华北克拉通基底是由东部陆块（Eastern Block）和西部陆块（Western Block）碰撞拼合而成，中间被中部造山带（Central Orogenic Belt）隔开，或由更小的微板块拼合而成，微陆块间被不同年龄（2.5Ga，2.7～2.6Ga）的绿岩带分隔开，但对中部造山带边界的划分、两陆块间碰撞拼合时代和俯冲极性的研究依然充满争议。华北克拉通中部的中部造山带，位于东部陆块和西部陆块之间，其大地构造属性、变形变质演化及年代学的研究对全面认识华北克拉通基底的形成演化至关重要。赞皇地块位于中部造山带的东南缘，是解决上述关键科学问题的重要区域。

Trap 等（2009，2011）将赞皇地块分成 3 个构造并置的地质单元：西部赞皇地块、东部赞皇地块和中部赞皇地块。西部赞皇地块出露的主要岩石类型有 TTG 片麻岩、混合岩和深熔花岗岩。中部赞皇地块主要由石英片岩、火山-沉积岩系、泥质片麻岩、片麻岩、混合岩及大理岩组成。东部赞皇地块与西部赞皇地块类似，主要由 TTG 片麻岩、泥质片麻岩、斜长角闪片麻岩和混合岩组成。

杨崇辉等（2011）通过岩相学、地球化学和年代学方法对赞皇地块花岗质岩石进行的详细研究表明，赞皇地块至少存在两期花岗质岩浆侵入事件（图 1 - 1）：一期发生于新太古代（约 2.5Ga），另外一期发生于古元古代（约 2.1Ga）。杨崇辉等（2011）认为，约 2.5Ga 菅等钾质花岗岩的形成标志着华北克拉通太古宙末期岩浆事件的结束以及稳定陆壳的形成。杨崇辉等（2011）认为约 2.5Ga 许亭花岗岩具有板内花岗岩特征，可能与约 2.1Ga 时岩浆板底垫托，导致新太古代 TTG 岩石部分熔融有关，并可能有少量古老地壳物质加入。据前人研究报道，约 2.5Ga花岗质岩浆事件遍布整个华北克拉通内多个古老地体，但是目前仅限于个体研究，尚缺乏对整个华北克拉通内约 2.5Ga 花岗质岩浆侵入时间的总结和对比研究。

前人已在该地区做过构造年代学等方面的研究工作，为后续工作开展提供了很好的研究基础。目前，关于赞皇地块的形成时代及其构造演化，主要有以下 3 种观点：

（1）整个赞皇地块为太古宙平缓隆起基底上发育起来的中生代变质核杂岩构造，基于变质杂岩核部、剥离断层和盖层 3 个构造部分的识别，前人认为，在中、新生代陆内伸展环境的重力滑脱条件下，简单剪切向转动的复合剪切作用机制转化造成了赞皇地块变质核杂岩构造的产生，但目前没有相关年龄数据支撑此观点。

（2）古元古代末期变质穹隆。赞皇地块内营房台-招也-障石岩-苍岩山、邢台坡底-临城郝庄-官都、赞皇榆底村-临城岗西-元氏黑水河 3 条剪切带内糜棱岩中的黑云母分别给出了 1689Ma、1633Ma 和 1645Ma 的 $^{40}Ar/^{39}Ar$ 坪年龄。这些年龄代表了剪切带变形的主变形时代，并进一步指出自中元古代以来华北克拉通内部未受到后期构造热事件的强烈扰动，赞皇

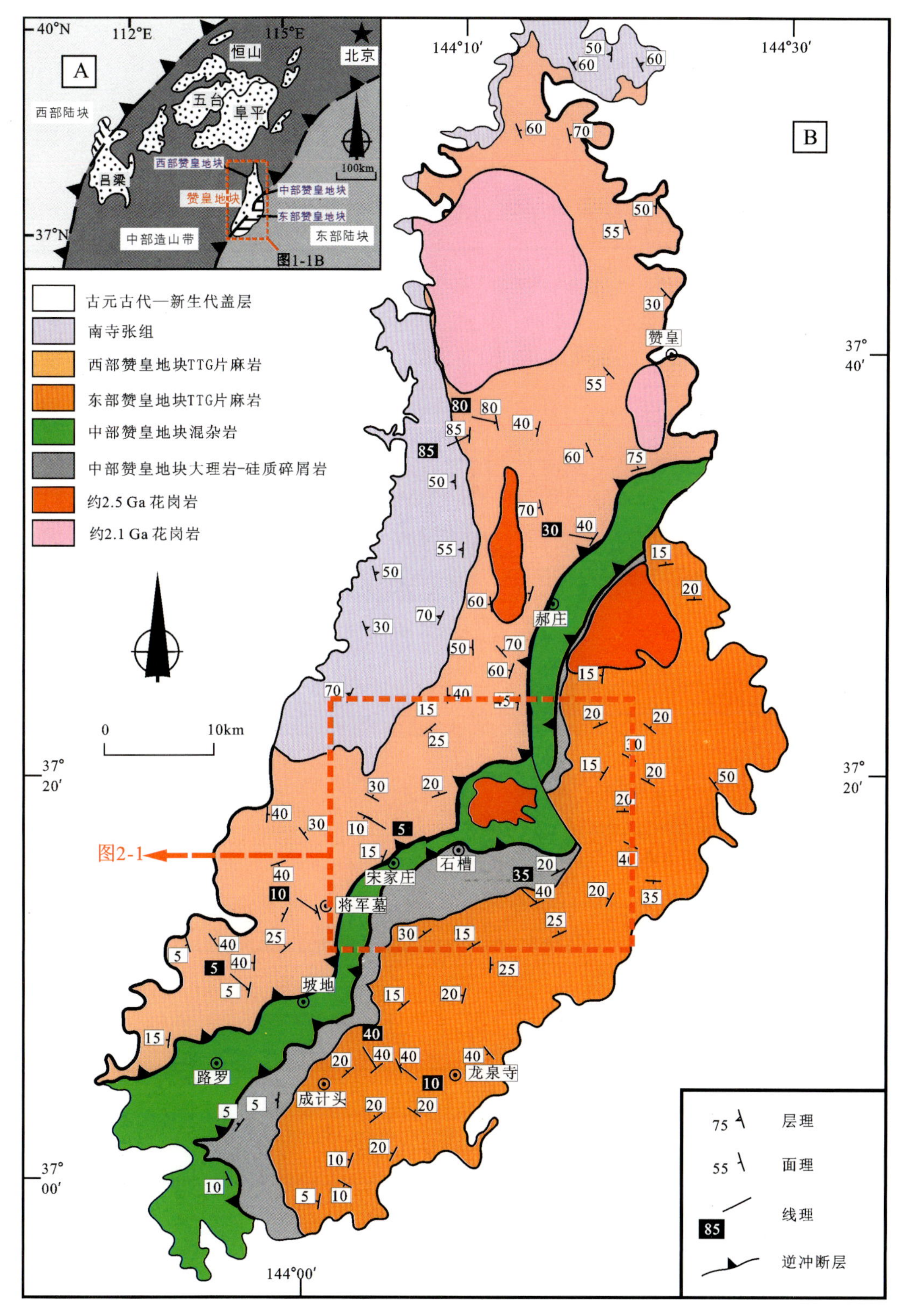

图 1-1 赞皇地块地质图

（图 B 为图 A 的部分区域）

地块并非中生代变质核杂岩，而是古元古代变质穹隆。

（3）约2.15Ga的碰撞拼合。基于对赞皇地块内部变形期次的识别以及关键样品的锆石、独居石和云母$^{40}Ar/^{39}Ar$测年，在华北克拉通中部造山带内部识别出两套代表大洋的岩石-构造单元，并将这两个大洋命名为“太行洋”和“阜平洋”，认为赞皇地块是由华北克拉通东部陆块与阜平地块在沿中部赞皇地块碰撞拼合而成（约2.15Ga），代表了“阜平洋”的闭合。

在上述赞皇地块构造演化模式中，目前普遍接受的观点为赞皇地块是东部陆块与阜平地块碰撞的结果，但是对阜平地块和东部陆块的碰撞拼合时间一直存在很大的争议。Kusky等（2003,2007,2011）、Polat等（2005,2006）基于东部陆块西缘被动大陆边缘序列及2.5Ga东湾子弧前蛇绿岩残片的研究认为，碰撞时间是约2.5Ga；然而，赵国春等（2001）基于变质岩$P-T-t$轨迹这一解释，认为碰撞时间是约1.85Ga；Trap等（2009,2012）则认为碰撞时间是约2.15Ga。

相对于中部造山带北段的岩石-构造单元而言，目前对赞皇地块的大地构造演化史、形成时代及机制等方面研究还非常薄弱，最重要的原因为大面积分布的1.9～1.8Ga地质事件叠加在早期的地质事件之上，导致难以识别和鉴定早期的构造特征和构造演化史。截至目前，在华北克拉通内部尚缺乏诸如混杂岩等古板块碰撞缝合带的识别和分析。因此，加强对太古宙构造现象的野外识别并联合室内多学科实验综合分析显得尤为重要，最终可以透过1.9～1.8Ga强烈变质叠加事件所造成的影响，为研究区乃至华北克拉通太古宙构造演化史提供新的重要约束。

第二章　研究区地质概况

赞皇地块主体出露于河北省境内，东西宽 40～60km，南北长约 140km，总体呈一中部宽、两端收拢的"纺锤"形，呈北北东—南南西向展布，总面积约 4000km²。赞皇地块地处太行山山脉中段东麓，构造位置上处于华北克拉通中部造山带的中南段，西邻吕梁地块，北邻阜平地块。从岩性分布上看，赞皇地块出露有较多的早前寒武纪岩石，其中以太古宙岩石出露最多。区内出露最多的为 TTG 片麻岩，其他各类变质岩石出露面积仅占总出露面积的 10%，零星分布于赞皇地块的中部和南部。区内出露的主要变质岩类有 TTG 片麻岩、长英质片麻岩、(含榴)黑云斜长片麻岩、(含榴)斜长角闪岩、超基性岩、角闪斜长片麻岩、含磁铁矿石英岩、大理岩、变质砂岩等。

第一节　前寒武纪岩石地层单元

前人把赞皇地块前寒武纪岩石地层自下而上划分为太古宇赞皇群、古元古界甘陶河群及新元古界震旦系。震旦系为未发生变形变质的元古宇沉积盖层，与下伏太古宇—古元古界结晶基底呈区域性构造不整合关系。

一、太古宇赞皇群

太古宇赞皇群，相当于阜平群或五台群上亚群(或五台群)。岩石普遍经历了低—中级变质作用或不同程度的混合岩化作用，出露的主要变质岩石类型有花岗质片麻岩、黑云斜长片麻岩、角闪斜长片麻岩、石英岩和大理岩，以及浅变质的变质砂岩、千枚岩等。根据岩石组合和原岩特征，赞皇群可进一步划分为放甲铺组、石城组、红鹤组和石家栏组。

1. 放甲铺组

该组为本区最老的岩石单元，主要出露于赞皇地块南部，自北向南分布在柳林、西黄村、张安北、营头、侯峪一带。混合岩化作用程度较深，出露的变质岩石主要有(含榴)黑云斜长片麻岩、含闪(榴)黑云斜长片麻岩、(含榴)角闪斜长片麻岩、含黑云(榴)角闪斜长片麻岩、斜长角闪岩和大理岩等。

2. 石城组

该组与下伏放甲铺组呈渐变关系，主要分布在赞皇地块中南部，如西竖、石城、会理、蒿黄峪、百户庄、城计头一带。岩性以黑云斜长片麻岩为主，局部地区含有石榴石，另有少量黑云角闪斜长片麻岩和斜长角闪岩出露。

3. 红鹤组

该组出露范围较窄，呈条带状分布，与下伏石城组呈渐变关系，分布于赞皇县赵家庄、临城县石关、邢台县朱家庄和大河一带。出露的变质岩石类型主要有大理岩、石英岩、斜长角闪片（麻）岩，局部夹（含榴）角闪斜长片麻岩透镜体。

4. 石家栏组

该组与下伏红鹤组呈整合或渐变关系。分布很广，出露于赞皇地块北部、中部以及南部的西侧地区。出露的变质岩石类型主要有花岗质片麻岩、角闪斜长片麻岩、斜长角闪岩、黑云斜长片麻岩和石英岩等。

二、古元古界甘陶河群

该群与赞皇群呈角度不整合接触，二者共同构成赞皇地块的基底岩石单元，主要分布在赞皇地块西北侧和中部轴线位置处。组成岩石多经历绿片岩相变质作用，主要由云母片岩、砂岩、板岩和变质火山岩组成。

三、新元古界震旦系

新元古界震旦系与赞皇群变质岩石呈角度不整合或断层接触关系，多分布于赞皇地块东南侧，主要由未发生变形或变质作用的紫红色砂岩、页岩组成。

四、侵入岩

1. 花岗质岩石

区内的新太古代变质深成岩出露面积约677km²，约占研究区总面积的41%，在成分上相当于英云闪长岩-花岗闪长岩-花岗岩，岩貌上由于变形变质作用的强烈改造，而以不同类型的片麻岩面貌出现。依据它们的宏观地质特征，岩石、矿物特征及地球化学性质，河北省地质矿产勘查开发局将它们划分成富钠和富钾两个岩石系列。富钠岩石系列包括王家崇片麻岩、白虎庄片麻岩和丰来峪片麻岩，相当于TTG岩系；富钾岩石系列包括西黄村片麻岩和李家庄片麻岩，属正常的钙碱性系列。

区内变质花岗岩脉在新太古代地体中甚为常见，按脉体走向可分为北东向和北西向两组。北东向一组大部分产状与围岩片麻理一致，部分则呈岩枝状斜切围岩面理；北西向一组规模上较北东向小，呈直立岩墙状斜切围岩面理。脉体一般宽数米至数十米，长数米至上千米。

2. 基性侵入岩

基性岩墙广泛分布于新太古代变质地体中，尤在白虎庄片麻岩、王家崇片麻岩及丰来峪片麻岩中较常见，多呈连续性较差、边界平直的脉状群体产出。岩脉多呈北东向展布，北西向倾斜，倾角中等，部分为北西走向，多顺片麻理产出。脉体宽几十厘米至数十米，长度从数米至数百米不等。由于遭受后期变形变质作用的改造，岩石具片理化，局部发生透镜化，形成石香肠构造及脉褶现象。

前人研究表明赞皇地块至少存在两期基性侵入岩，早期基性侵入岩发生强烈变形，晚期的未变形。较早一期的基性侵入岩（年龄约 2.5Ga）是赞皇地块前寒武纪结晶基底的主要组成部分之一，宽几十厘米至几米，长可达几十米至几百米，主要出露于赞皇地块中南部，最初以基性岩墙形式侵入，之后因构造运动与笔者新识别出的构造混杂岩一起发生变形，现今以透镜体或布丁的形式散布于长英质片麻岩中。第二期以基本未变形的基性岩墙切割了南部赞皇地块，主体呈北北东走向，与分布整个中部造山带的古元古代基性岩墙相关，标志着华北克拉通东、西陆块聚合后于 1.8～1.7Ga 发生的一次重要扩张事件。

第二节　变质作用及变形作用

赞皇地块新太古代及古元古代变质杂岩的变质作用较为复杂，尤其是不同期次变质作用及退变质作用的多次叠加，情况就更为复杂。河北省地质矿产勘查开发局将赞皇地块的变质作用划分为 4 种类型，即：低角闪岩相区域变质作用、高角闪岩相区域变质作用、高绿片岩相区域变质作用和低绿片岩相区域变质作用。肖玲玲等（2011）从赞皇地块斜长角闪片麻岩和泥质片麻岩中记录了 3 个阶段的变质作用矿物组合。3 个阶段估算的温度、压力结果为：进变质阶段温度约为 710℃，压力为 8.2×10^{8}Pa；变质高峰期温度超过 720℃，压力大于 12.1×10^{8}Pa；退变质阶段温度为 590～670℃，压力为 3.2×10^{8}～5.6×10^{8}Pa。矿物组合温度、压力计算结果表明，变质高峰期最高温度超过 810℃，最高压力大于 12.5×10^{8}Pa，变质条件位于高角闪岩、榴辉岩和麻粒岩相的过渡区，属于中压相系的顶部至高压相系的底部。同时提出赞皇地块内部的斜长角闪片麻岩拥有典型顺时针近等温降压型的 $P-T$ 轨迹，推测与大陆碰撞环境有关。综上所述，赞皇地块变质岩石至少经历了高角闪岩相变质作用。

赞皇地块内部发育多期复杂变形，倒转褶皱、多期叠加褶皱、平卧褶皱等广泛发育，在区内还识别出 3 条北北东向拆离韧性剪切带。本区复杂的构造特征是多期次构造叠加的结果。赞皇地块的构造演化及相应年代学研究工作总结如下：

（1）雷世和等（1994）、牛树银等（1994）认为赞皇地块内的上述 3 条北北东向拆离韧性剪切带形成于中生代，因受中生代燕山运动影响，在以伸展体制为主的构造环境中快速隆起，形成变质核杂岩区，但目前未见相关的年龄数据验证该观点。

（2）河北省地质矿产勘查开发局和王岳军等（2003）在赞皇地块识别出了 4 期变形作用，并应用黑云母 $^{40}Ar/^{39}Ar$ 年代学方法，对赞皇地块主要热事件年龄和韧性剪切带的形成时代进行了测定，认为其形成是古元古代晚期—中元古代多次构造热事件作用的结果，并非简单的中生代变质核杂岩，而是古元古代末期形成的变质穹隆。古元古代期间经历的 4 期变形作用拥有一个异常的隆升—冷却历史：第一期变形作用反映该地区最早期的变形事件，以局部地区斜长角闪岩中保留的紧闭褶皱和无根钩状褶皱为代表，褶皱的轴面平行于主期片麻理；第二期变形作用以北西西-南东东方向的挤压缩短作用和东南东方向的逆冲作用为主导，表现为区域内广泛出现的产状稳定、延伸较远的主期片理和片麻理；第三期变形作用表现为辐射状的伸展和韧性剪切事件，与碰撞后的伸展垮塌和该地区加厚地壳的隆升有关；第四期变形作用表现为局部地带发育的北北东向韧性剪切作用。

(3)Trap 等(2009,2011,2012)推测赞皇地块的形成是 2.15Ga 时华北克拉通东部陆块与阜平地块沿中部赞皇地块碰撞拼合的结果。Trap 提出 4 期变形作用(D_1、D_2、D_3和 D_4)。D_1以透入性 S_1面理为代表,顶部显示北西-南东运动学方向。D_1组构保存最完好的地方在龙泉关逆冲断层、上五台逆冲断层和 LGMU(低级镁铁质单元)及 OVU(正片麻岩和火山岩单元)推覆构造底部。不整合上覆的滹沱群中轴面倾向北西的褶皱作为 D_2的标志,与 S_2劈理有关。滹沱群以不整合方式覆盖在五台、阜平杂岩上,因此仅有微弱变质,属于相对年轻的构造。D_3与正剪切作用有关,局部 S_3面理沿该剪切带发育,如 Pinshan 低角度正剪切带。S_3面理与 L_3线理有关,这些构造是地壳加厚之后晚期伸展构造形成的。D_4与晚期走滑剪切有关,最好的例证就是千米级的东-西向朱家坊左行剪切带。笔者在中部赞皇混杂岩内部识别出了比 Trap 提出的 D_1更早的组构,包含有鳞状低级混杂岩组构和众多构造片岩组成的强烈叠瓦状组构,表明 D_1构造是晚期交叉剪切的结果。

(4)肖玲玲等(2011,2014)通过详细的野外地质调查研究,在赞皇地块识别出 3 期变形作用。第一期变形以局部地段保留的小型紧闭褶皱、无根钩状褶皱为代表,褶皱轴面平行于主期片麻理;第二期变形以区域内广泛出现的延伸相对稳定的、倾向北西的片麻理为代表;第三期变形表现为主期片麻理在局部地段的褶皱变形,出露范围小,产状不连续。

值得注意的是,Trap 提出的赞皇地块构造演化历史从自身角度看是统一的,但是没有考虑到 Kusky 等(2003)和本书中提到的更早地质事件。Trap 等(2009,2011,2012)为 D_1-D_4构建了定量的 $P-T-t-D$ 轨迹,代表第二期主要的构造事件。由石英+黑云母+白云母+十字石+石榴石+蓝晶石组成的 D_1变质组合计算得到的 $P-T$ 条件为 $6.8\times10^8\sim7.8\times10^8$Pa(范围为 $7\times10^8\sim9.2\times10^8$Pa)和 650~660℃。但是,分析过程中肖玲玲去掉了核部 18%的石榴石,一般认为这部分实际上包含了最早的变质组合。此外,未分带独居石的 U-Th/Pb EPMA 年龄估算为(1887±4)Ma。值得注意的是,Trap 等(2009,2011,2012)提出的 D_1-M_1组合与肖玲玲等(2011,2014)提出的 M_1组合明显不同。肖玲玲等(2011,2014)利用石榴石中的非定向包裹体(石英+黑云母+斜长石+钛铁矿+磁铁矿+金红石+磷灰石)获得的 2507Ma 时的M_1的 $P-T$条件为 $4.5\times10^8\sim5.9\times10^8$Pa 和 551~596℃。肖玲玲等(2011,2014)根据由石英+黑云母+斜长石+蓝晶石+钛铁矿+磁铁矿+钾长石组成的 M_2峰期组合计算得到的 1839Ma 时的压力条件为$9.6\times10^8\sim12.3\times10^8$Pa。因此,笔者认为 Trap 等(2009,2011,2012)提出的 D_1是后期构造事件的第一个阶段。Trap 等(2009,2011,2012)提出的 M_1事件对应肖玲玲等提出的更高级、更年轻的 M_2事件。Trap 等(2009,2011,2012)提出的顺时针$P-T-t-D$轨迹仅对应于所谓的中部造山带中的第二期主要构造事件,并未包含更早可能也更为重要的、与五台弧和华北克拉通东部陆块碰撞有关的增生事件。因此,识别赞皇地块内更早的变形组构(早于 D_1)对于认识赞皇地块乃至华北克拉通中部造山带的早期构造演化具有重要意义。

第三节　地质单元划分

基于上述前人对赞皇地块开展的研究,笔者在赞皇地块内对研究区的各个岩石构造单元进行了大量详细的野外考察,并新识别出了一条新太古代构造混杂岩带。综合前人研究和笔者近几年的野外工作，对研究区岩石构造单元进行了重新定义和划分，分别为：①西部赞皇地块，主体为 TTG 片麻岩；②东部赞皇地块，主体为 TTG 片麻岩；③中部赞皇地块大理岩-硅质碎屑序列和混杂岩序列(图 2-1)；④遍布整个研究区的后期岩浆侵入事件，包括酸性和基性岩脉。宏观构造上，西部赞皇地块逆冲推覆到由赞皇混杂岩带和大理岩-硅质碎屑岩序列组成的中部赞皇地块之上，混杂岩带逆冲推覆到由云母片岩、副片麻岩和大理岩等组成的大理岩-硅质碎屑岩序列之上。而整个混杂岩带又被一系列花岗质岩石和基性岩墙侵入，并一起发生变形变质。

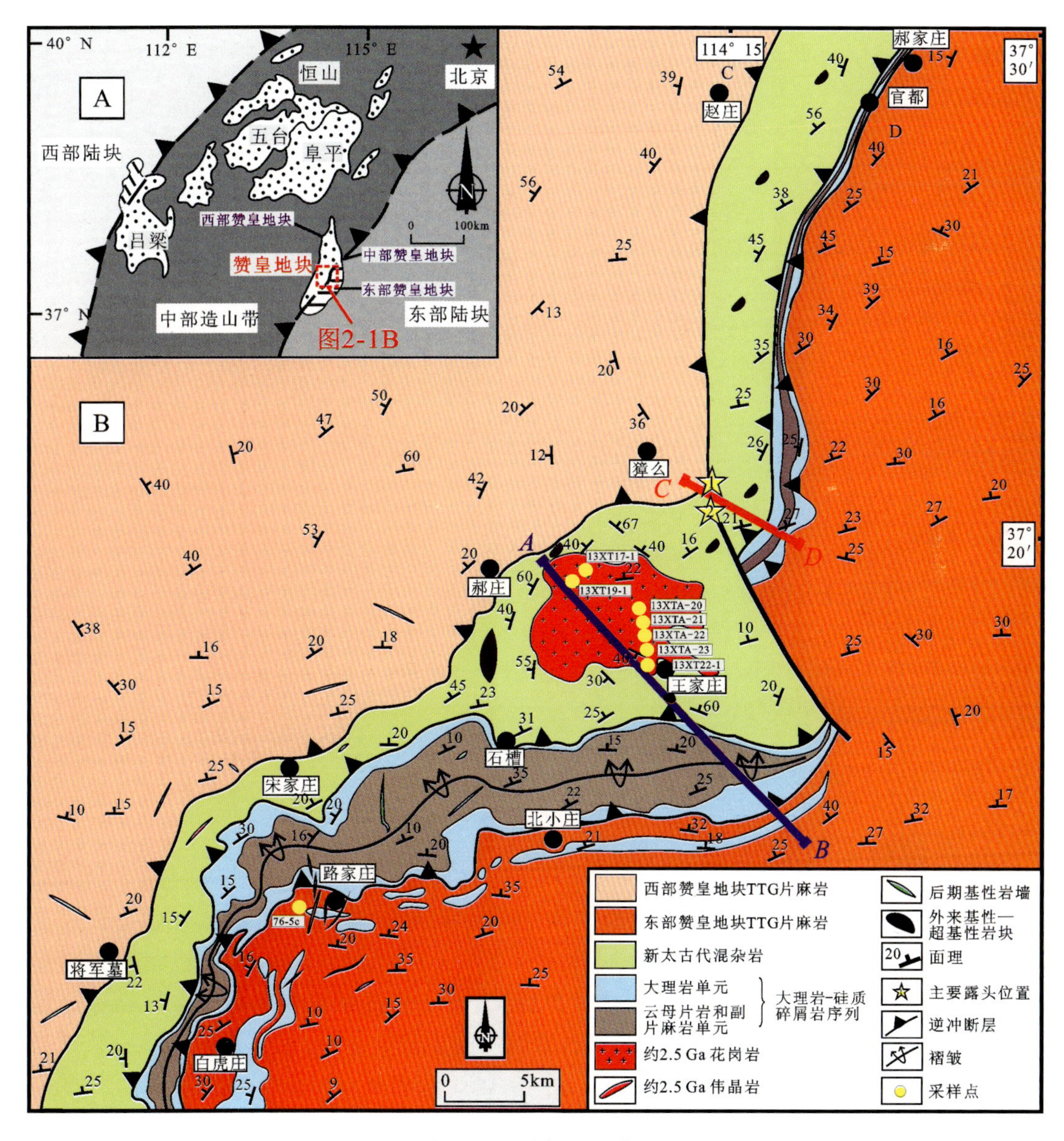

图 2-1　研究区地质图

(图 B 为图 A 的局部放大部分)

一、西部赞皇地块

西部赞皇地块主体由TTG片麻岩(>90%)组成,岩石普遍经历了部分熔融作用,区内可见少量深熔花岗岩体、石英岩、角闪片麻岩、变形的斜长角闪岩出露。TTG片麻岩主要为英云闪长岩,并伴生有少量的暗色闪长片麻岩和浅色奥长花岗岩脉。英云闪长岩呈灰色、中粒,镜下具有花岗变晶结构。主要矿物组合为黑云母、斜长石和石英,含有少量石榴石、白云母、绿帘石。根据石榴石-角闪石和石榴石-黑云母变质平衡计算得到的温度和压力分别为550~700℃、5×10^8~10×10^8Pa。基于对英云闪长岩的岩石地球化学和年代学研究,杨崇辉等(2013)认为其锆石U-Pb形成年龄为2692±12Ma,来自俯冲洋壳的部分熔融,地球化学特征上与高硅埃达克岩相似。构造上,西部的赞皇地块逆冲到东部的赞皇混杂岩序列之上(图2-2)。

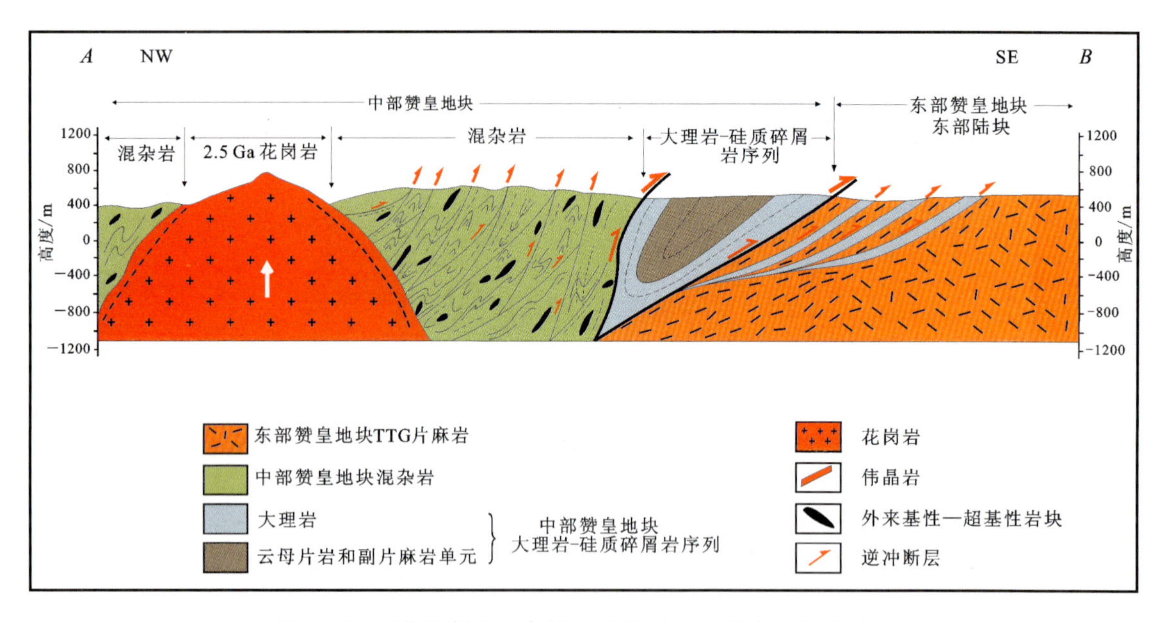

图2-2　研究区剖面示意图(*AB*剖面,剖面位置见图2-1)

二、东部赞皇地块

与西部赞皇地块类似,东部赞皇地块主体同样由TTG片麻岩组成,但内部构造样式与西部赞皇地块TTG片麻岩截然不同。岩石普遍经历了角闪岩相—麻粒岩相变质作用,局部分布有大理岩、斜长角闪岩等残块。地球化学方面,大离子亲石元素含量高于西部赞皇地块片麻岩,表明东、西部赞皇地块具有不同的岩石来源。前人研究表明,东部赞皇地块的原岩为花岗闪长岩,形成时代为新太古代,但目前没有新的年代学研究在此地区开展。东部赞皇地块与西缘的大理岩-硅质碎屑岩序列呈构造接触。

三、中部赞皇地块

1. 大理岩-硅质碎屑岩序列

通过野外考察，中部赞皇地块大理岩-硅质碎屑岩序列与西侧的赞皇混杂岩序列和东侧的东部赞皇地块呈构造接触（图 2-1），并可细分为 3 条岩石-构造单元、2 条大理岩单元、1 条云母片岩-副片麻岩单元。详细介绍如下。

1）大理岩单元

大理岩单元主要分为两部分：下部主要由粗粒、面理化大理岩层组成（图 2-3A），局部可见钙硅酸盐、石榴石斜长角闪岩和细粒石英岩，大理岩可达到几百米厚（图 2-3B）；上部主要由黑云母-白云母片岩和条带状石英岩组成。局部地区可见基性岩墙侵入大理岩层（图 2-3C）。大理岩呈灰白色，少量呈粉红色。纯大理岩主要矿物包括方解石（45%～55%）和硅灰石（50%～60%）（图 2-5A）。不纯大理岩主要为黑云母-角闪石大理岩，主要矿物组合包括方解石（70%～75%）、黑云母（15%～20%）和角闪石（10%～15%）（图 2-5B）。

图 2-3　大理岩-硅质碎屑岩序列野外照片

从剖面图上可见，大理岩单元主要由两条带组成，与内部的云母片岩-副片麻岩单元组成空间上的向斜构造(图2-2)，两岩石-构造单元界线清晰，呈构造接触(图2-3D)，并可见其逆冲至东部赞皇地块TTG片麻岩之上(图2-3E、图2-4)。局部地区可见大理岩被后期伟晶岩脉切穿(图2-3F)，表明研究区大理岩单元的形成早于后期伟晶岩脉。

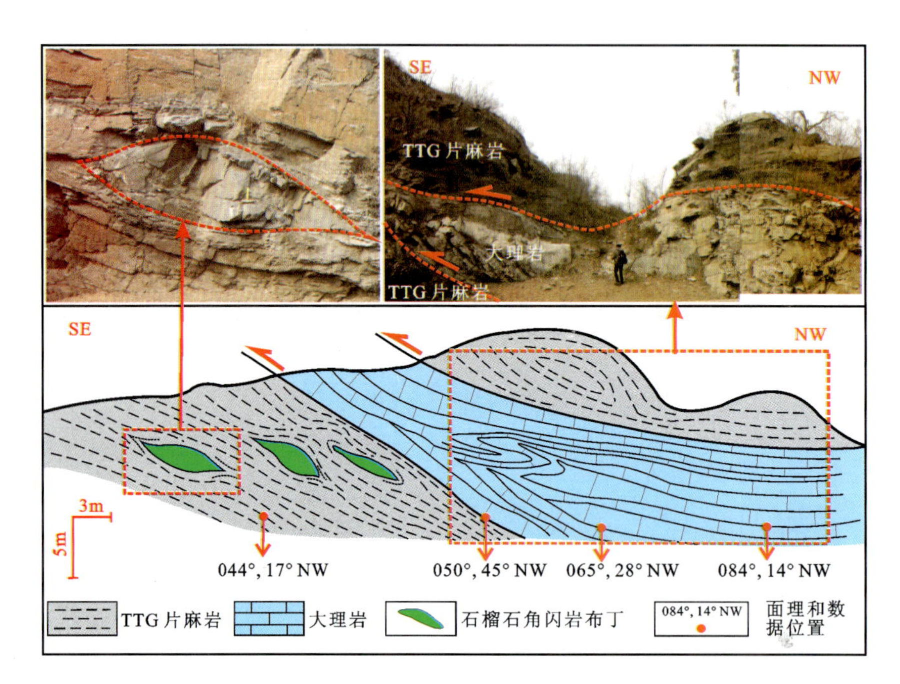

图2-4　大理岩与围岩接触关系野外照片及素描图

2. 云母片岩-副片麻岩单元

云母片岩-副片麻岩单元作为向斜的核部位于两层大理岩单元的中间(图2-2)，主要由云母片岩、石榴石片岩和石榴石云母片岩组成。石榴石云母片岩主要矿物组合为石榴石(35%～40%)、斜长石(15%～20%)、石英(10%～15%)、白云母(5%～10%)和黑云母(10%～15%)(图2-5C)。云母片岩内云母发生定向(图2-5D)和变形(图2-5E)，表明岩石遭受了强烈的变形作用。该单元岩石可能从沉积岩变质而来，原岩可能为与复理石序列相似的杂砂岩、砂岩、页岩等。

3. 赞皇混杂岩序列

中部赞皇混杂岩序列位于大理岩-硅质碎屑岩序列的西缘，与西部赞皇地块TTG片麻岩呈构造接触(图2-2)，主要由变泥质岩、大理岩、石英岩、云母片岩、外来基性—超基性岩、变玄武岩(保留枕状熔岩结构)和TTG片麻岩等一系列岩石无序混杂堆积而形成。重要野外特征为：①具有残余枕状熔岩结构的外来岩块与变沉积岩组合；②来自东部或西部赞皇地块的TTG片麻岩堆积混杂在一起；③基性—超基性岩块、长英质片麻岩及多种透镜体和大理岩杂乱镶嵌在变质泥岩和变质砂岩的基质中。

图 2-5 研究区岩石单元典型显微照片

四、后期岩浆侵入

1. 基性岩墙

基性岩墙侵入了研究区的所有岩石单元，包括西部赞皇地块 TTG 片麻岩，东部赞皇地块 TTG 片麻岩、混杂岩单元和大理岩-硅质碎屑岩单元。基性岩墙连续性较差，长度从几米到几百米不等，宽度从几米到几十米不等。基性岩墙遭受了后期的高角闪岩相变形变质作用，矿物呈现出定向性，现今以角闪岩布丁形式保存下来（图 2-6A），主要矿物组合为角闪石（65%～70%）和斜长石（30%～35%）（图 2-5F）。局部低应力区保存下来的未遭受变形的基性岩墙（图 2-6B、C）为角闪岩布丁来自基性岩墙提供了直接证据。邓浩等（2013）认为角闪岩布丁原岩为基性岩，且与岛弧有关。河北省地质矿产勘查开发局认为角闪岩布丁原岩为辉长岩或辉绿岩。遭受强烈变形变质的角闪岩布丁被约2.5Ga伟晶岩脉切穿（图2－6D），表明基性岩墙形成于2.5Ga前。

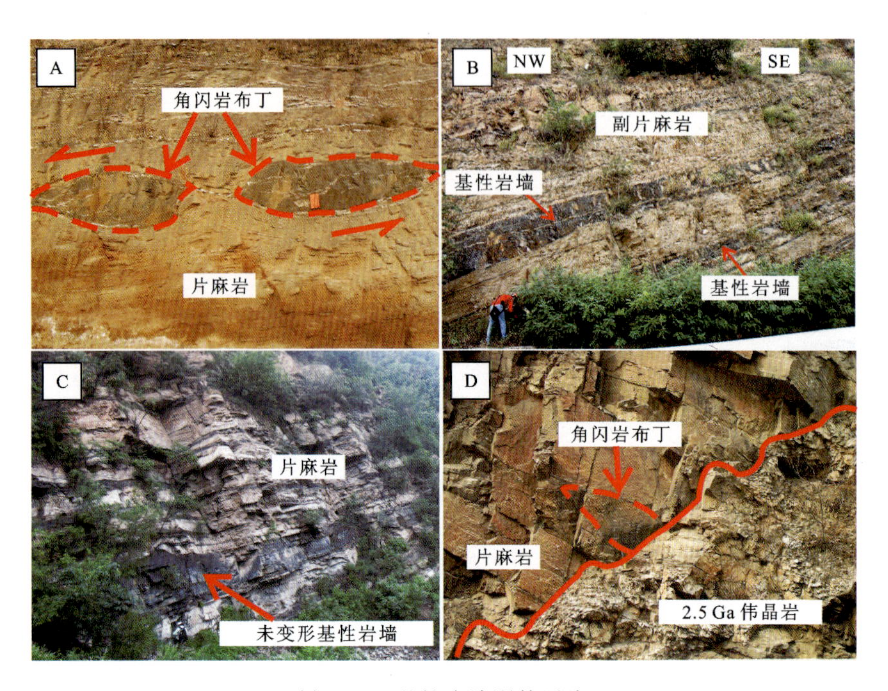

图2－6　基性岩墙野外照片

2. 花岗岩和伟晶岩脉

后期不规则的卵形花岗岩（王家庄花岗岩）侵入赞皇混杂岩。王家庄花岗岩位于河北省内丘县西，北邻赞皇县，出露面积为12km²。该岩体呈高大陡峻的山体，具典型的花岗岩外貌特征。岩体北缘与古元古界官都群石英岩呈构造接触关系，石英岩片理与岩体边缘片麻理平行（图2－7A），岩体宏观特征均匀，岩体内见有少量的细粒暗色包体（图2－7B）和粗粒长英质浅色体（图2－7C）。王家庄花岗岩切穿了赞皇混杂岩内的面理，基本特征为：西南和东北两侧面理走向南西，但沿花岗岩边缘处近乎平行，表明王家庄花岗岩侵入时期发生于混杂岩形成之后。王家庄花岗岩边部在侵位过程中因变形作用发生了面理化（图2－7D），由长石石英颗粒的定向排列所定义，内部岩石分布均匀，变形较弱。

粉红色伟晶岩脉侵入并切穿了赞皇混杂岩的岩石-构造单元（图2－8）。伟晶岩脉大小不一，长度从几米到几百米不等，宽度从几米到几十米不等。伟晶岩脉切割了片麻岩的面理（图2－8A、B），表明片麻岩时代老于伟晶岩脉。伟晶岩脉内发育一系列平行于片麻岩面理的裂隙（图2－8C、D），该裂隙为伸展裂隙，与混杂岩内的面理无关。伟晶岩脉也切割了东部赞皇地块内的大理岩残片和赞皇混杂岩内的角闪岩布丁（图2－6D），表明大理岩单元和角闪岩布丁形成于伟晶岩之前。

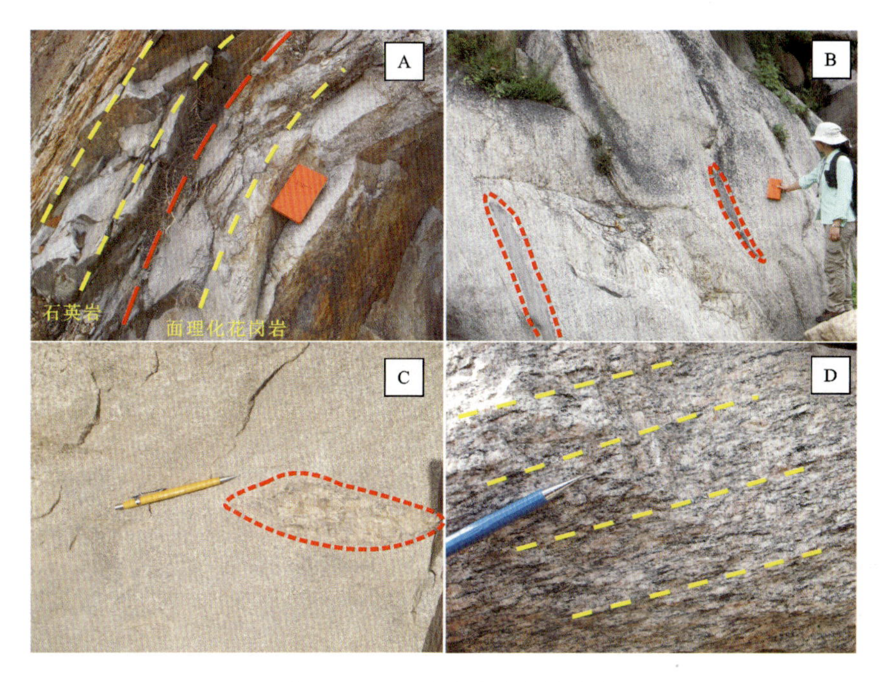

图 2-7 王家庄花岗岩野外照片

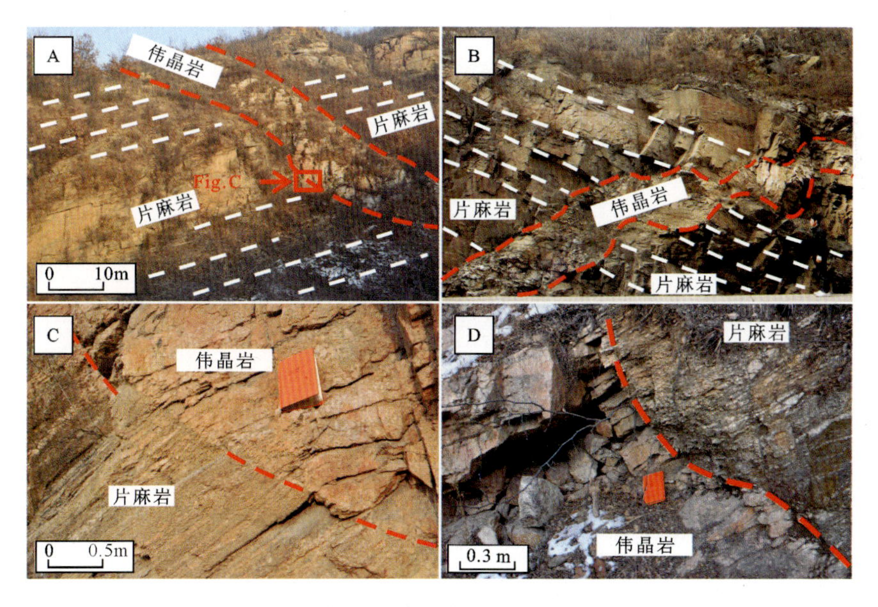

图 2-8 伟晶岩脉切穿早期组构野外照片

第三章　新太古代赞皇构造混杂岩研究

第一节　赞皇构造混杂岩厘定

本书列举了不同形成时代的全球典型混杂岩的3个实例，包括年轻的北美Franciscan中—新生代混杂岩、西藏羌塘变质带晚三叠世—早白垩世混杂岩和时代较老的加拿大Superior Province太古宙混杂岩，简要总结了它们的岩石组合、内部构造特征和大地构造意义。在此基础上，与华北克拉通中部造山带赞皇地块新近识别出的这套构造混杂堆积岩石序列进行对比，并判断这套岩石是否为构造混杂岩。

一、全球典型混杂岩实例

1. 北美Franciscan中—新生代混杂岩

北美西部Franciscan混杂岩沿美国西部的海岸及海岸山脉出露，在加州西海岸多处地点保存有完好的露头。其中San Simon处混杂岩由不同成分、形状、大小和来源的岩块分布在强烈变形的面理化、鳞片状变泥质岩基质中，保存了完好的"岩块在基质中(block in matrix)"构造。岩块主要由基性岩和砂岩组成，基性岩块主要包括弱蚀变的蓝片岩和绿片岩，基质主要由泥岩和页岩组成。岩块和基质均遭受了强烈变形，内部表现出强烈的剪切和褶皱特征，岩块呈布丁状散布于经历了强烈变形的片岩基质内。目前，绝大多数观点认为Franciscan混杂岩的形成与太平洋板片的俯冲作用有关，代表了一条中—新生代的缝合带。

2. 西藏羌塘变质带晚三叠世—早白垩世混杂岩

西藏中部羌塘地体内部东西走向长约500km、宽100km的变质带保存了晚三叠世—早白垩世构造混杂岩。这套构造混杂岩位于穹隆低角度正断层的下盘，保存了完好的"岩块在基质中"构造。岩块和基质由不同岩性、时代和来源的岩石组成，基质主要为强烈变形的变沉积岩和基性片岩，岩块为相对弱变形的变基性岩、蓝片岩、石炭纪—三叠纪变沉积岩、早古生代片麻岩和大理岩。岩块和基质均呈现出绿片岩相和绿帘-蓝片岩相矿物组合，局部可见绿帘-角闪岩相矿物组合。羌塘混杂岩被解释为代表羌塘变质带南、北两侧地壳残片的构造缝合带。

3. 加拿大Superior Province太古宙混杂岩

Superior Province太古宙混杂岩位于加拿大Schreiber－Hemlo绿岩带内部，是一套由不同来源、成分和大小的岩块和基质堆积混杂、剪切形成的构造混杂岩，保留了完好的“岩块在基质中”构造特征，岩块和基质呈现出多样性。岩块包括外来岩块和原地岩块，两者均遍布在强烈剪切的沉积岩和火山岩基质中。岩块呈透镜状，直径从10cm到1km不等。外来岩块包括大洋高原玄武岩中的岛弧流纹岩和海沟浊积岩中的大洋高原玄武岩，原地岩块主要包括大洋高原序列内玄武岩、科马提岩、辉长岩和硅质岩以及海沟浊积岩内岛弧辉长岩和英云闪长岩。但是，该混杂岩缺少经历蓝片岩相变质作用的岩石类型。岩块和基质接触边界呈现出多种构造现象，包括鳞片状节理、$S-C$平面组构、直立不对称褶皱和近水平擦痕线理。强烈变形和剪切导致混杂岩内部鳞片状节理、糜棱岩化、褶皱、不对称石英布丁和透镜状枕状熔岩发育。这套加拿大Schreiber－Hemlo绿岩带内部的太古宙混杂岩代表了一套俯冲增生杂岩，是大洋高原和岛弧地体间的缝合带。

二、赞皇地块构造混杂岩

笔者在赞皇地块中部识别出了一套构造混杂堆积岩石序列，主要由变泥质岩、大理岩、石英岩、云母片岩、外来基性—超基性岩、变玄武岩（保留枕状熔岩结构）和TTG片麻岩等一系列岩石混杂堆积而形成（图3－1A）。该套构造混杂堆积岩石序列中不同岩石类型和来源的岩块散布在不同岩石类型基质内。在寺沟村附近，可见残留枕状熔岩岩块散布在强烈蚀变的斜长角闪岩基质（图3－1B）和变泥质岩基质（图3－1C）内。枕状熔岩岩块核部保留了蚀变的

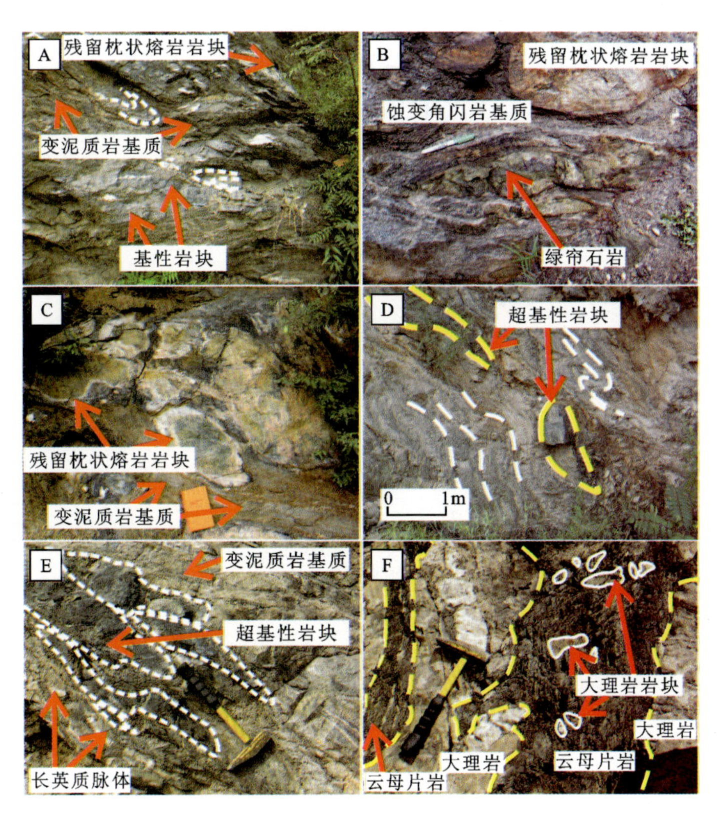

图3－1　赞皇混杂岩野外照片

绿帘石岩(图 3-2、图 3-3)。笔者通过这套构造混杂堆积岩石序列内两处典型露头进行大比例尺填图,还原了其内部组构及运动学特征:外来岩块散布在基质内,且两者均遭受了强烈的变形变质改造,总体表现出向南东逆冲的特征。在郝庄村附近,基性—超基性岩块散布在变泥质岩基质内(图 3-1D、E)。此外,大理岩岩块散布在云母片岩基质内,大理岩和云母片岩互层产出,并遭受了强烈的变形(图 3-1F)。

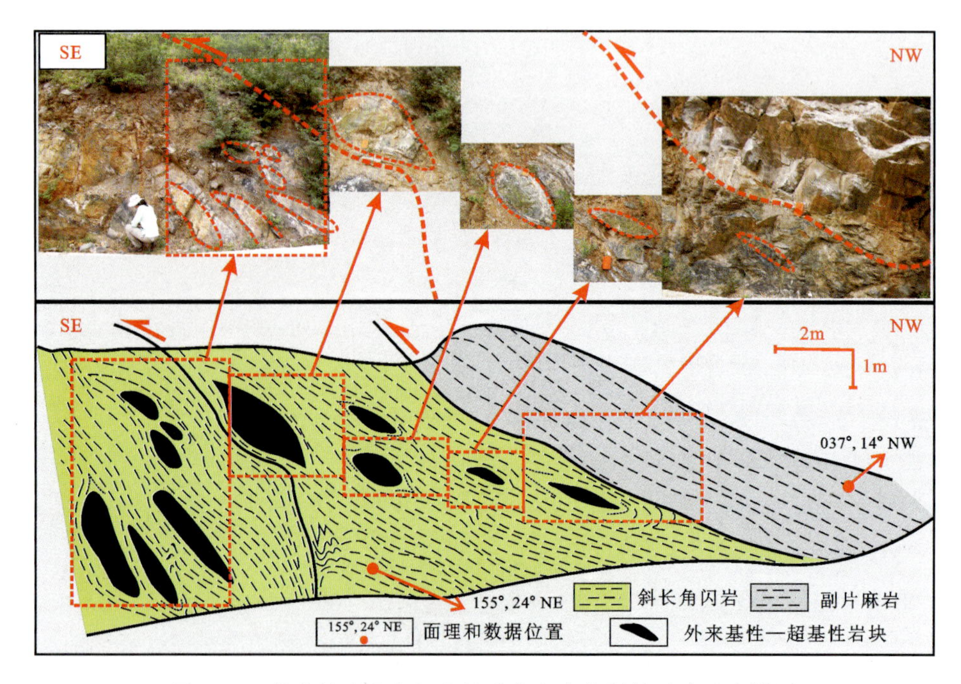

图 3-2　枕状熔岩在角闪岩基质中产出的野外照片及素描图

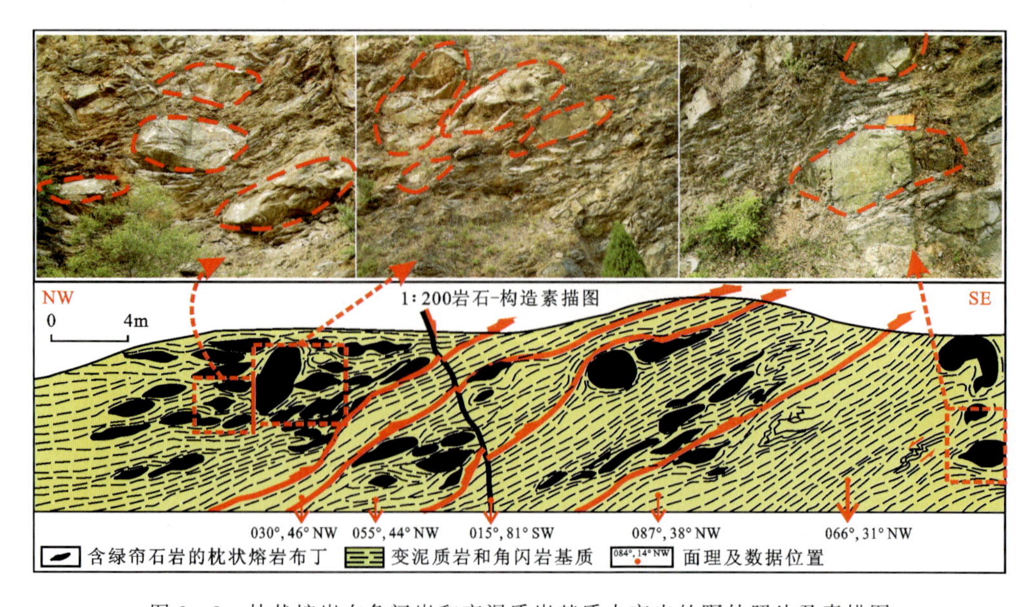

图 3-3　枕状熔岩在角闪岩和变泥质岩基质中产出的野外照片及素描图

该套构造混杂堆积岩石序列内部各岩石-构造单元堆积混杂，呈现出逆冲叠瓦特征（图3－4A），褶皱、断层发育（图3－4、图3－5）。不同类型的褶皱出现于不同类型的岩石中，包括硅质岩（图3－4B）、变泥质岩（图3－4C）、片麻岩（图3－4D、E）和石英岩（图3－4F）等。局部可见硅质岩鞘褶皱保存在云母片岩基质内（图3－4B），表明该套构造混杂堆积岩石序列遭受了强烈的变形变质改造。

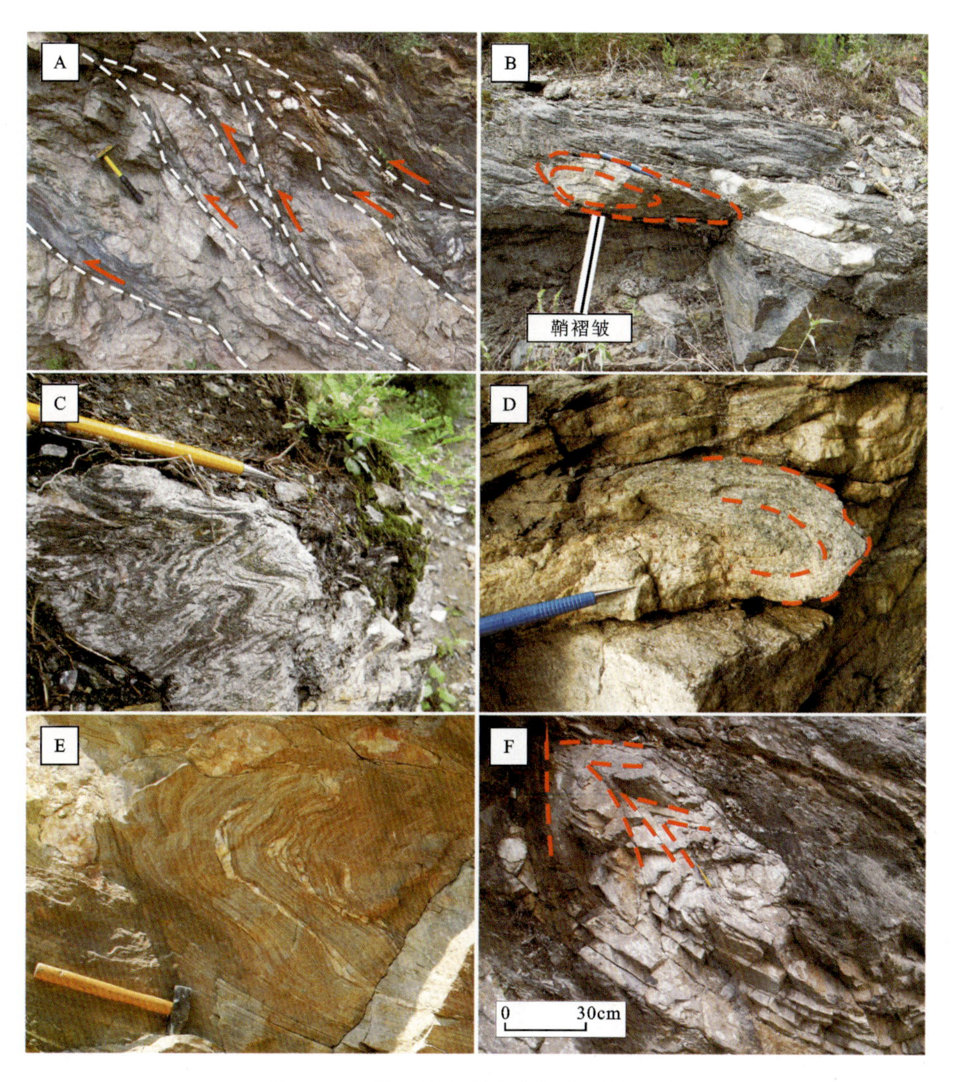

图3－4 赞皇混杂岩内部组构野外照片

综上所述，这套构造混杂堆积岩石序列保留了混杂岩“岩块在基质中”的典型结构特征，不同岩石类型和来源的岩块散布在不同岩石类型基质内，岩块和基质均遭受了强烈的变形变质作用。这套构造混杂堆积岩石序列是由多种不同岩性且经历复杂大地构造演化史的岩块组成的多成因混杂体，与上述世界范围内不同时代著名混杂岩具有相似的典型判别特征，符合混杂岩经典和新的定义，笔者将其命名为“赞皇混杂岩”。

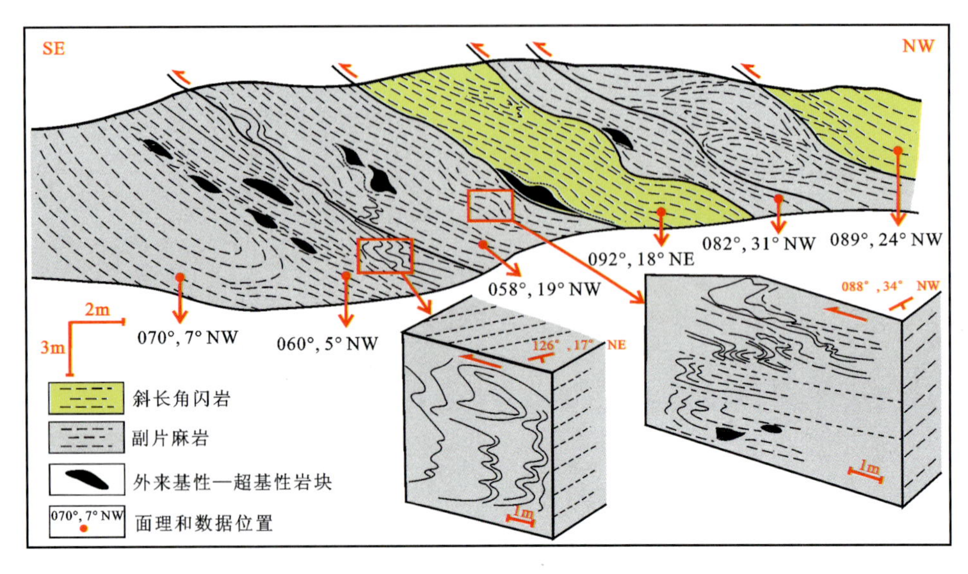

图 3-5　赞皇混杂岩组构特征素描图

第二节　赞皇混杂岩组构及运动学分析

一、研究区典型剖面

笔者在赞皇地块穿越了十余条地质观测路线，对整个地区岩石、构造进行了较为全面的地质观察。重点对两条剖面绘制了剖面示意图（图 2-2、图 3-6），两条剖面切穿研究区各个

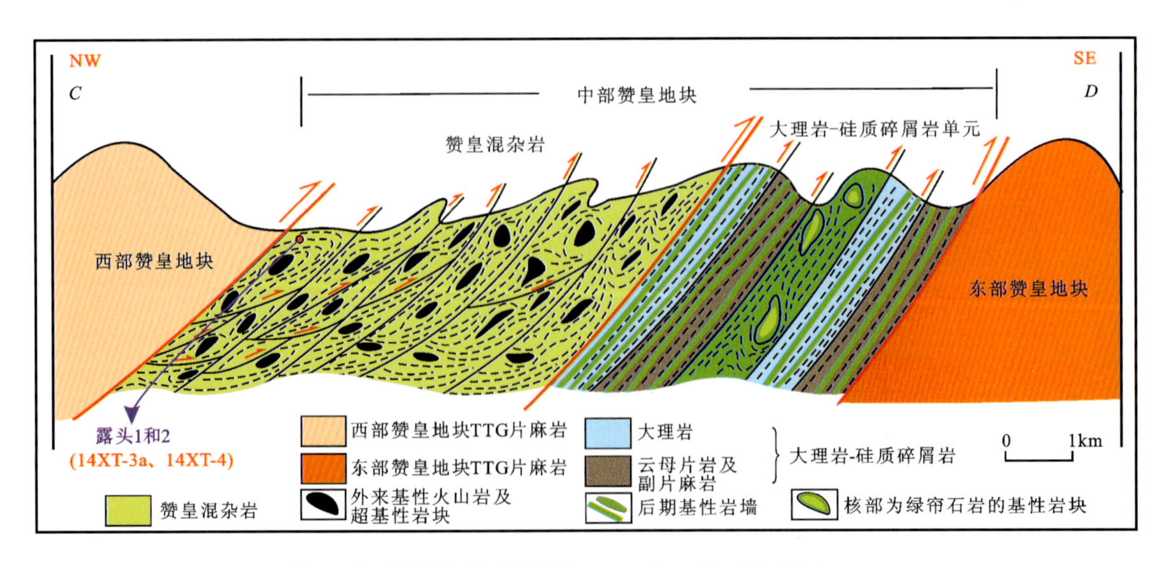

图 3-6　研究区剖面示意图（*C*—*D* 剖面，剖面位置见图 2-1）

岩石-构造单元,包括:西部赞皇地块 TTG 片麻岩、赞皇混杂岩、大理岩-硅质碎屑岩序列、东部赞皇 TTG 片麻岩、后期侵入赞皇混杂岩的王家庄花岗岩。两条剖面地理位置见图 2-1。野外调查发现,区域上总体特征为:西部赞皇地块 TTG 片麻岩向东南逆冲至赞皇混杂岩上,混杂岩向东南逆冲到东部赞皇地块西缘沉积的大理岩-硅质碎屑岩序列上(图 3-6)。赞皇混杂岩内部岩石构造单元堆积混杂,广泛发育褶皱、断层等。露头尺度运动学特征也同样显示北西向南东方向逆冲。大理岩-硅质碎屑岩序列主要由大理岩层、云母片岩和副片麻岩层组成,局部呈互层产出,基性岩墙侵入该序列的多个岩石单元。基性岩墙内广泛发育后期蚀变的绿帘石岩。详细野外考察发现混杂岩保存最完好的露头位于西部赞皇地块的东缘。笔者对紧邻西部赞皇地块东缘赞皇混杂岩的两处关键露头进行了大比例尺(1∶20、1∶40)岩石-构造填图,对内部的组构和运动学进行了解析。两露头的位置见图 3-6。

二、典型露头大比例尺岩石-构造填图

两处露头(露头 1、2)位于赞皇混杂岩的最西侧(图 3-6),野外表现为两面竖直的墙壁。空间上,虽然中间被一堵长约 50m、高约 10m 的水泥墙隔开(图 3-7),但实则为一连续的剖面。两典型露头被划分为 1m×1m 的方格,并用测绳固定,后将每一方格内的地质特征绘于最小单位为毫米的方格纸上(例如,将 1m×1m 的方格绘于 5cm×5cm 的方格纸上,比例尺为 1∶20),依次完成露头所涵盖的每个方格,最终将所有的方格纸拼合后使用 CorelDraw 软件成图和上色。

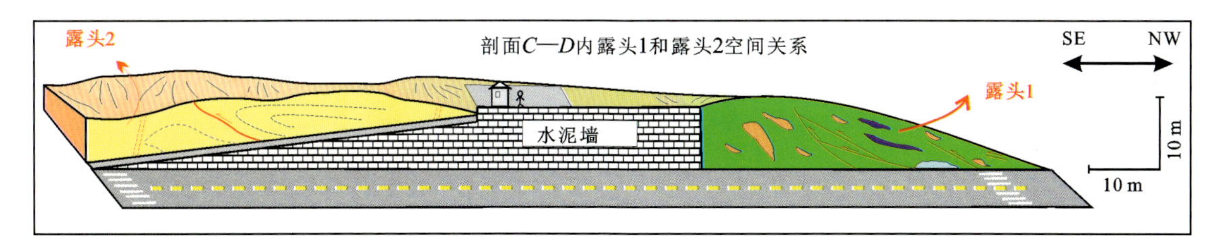

图 3-7　露头 1 和露头 2 的空间关系示意图

露头 1(图 3-8):长 52m,高 8m。由于高度限制,笔者只对该露头的下半部分进行了详细素描。各岩石-构造单元混杂堆积,广泛发育"岩块在基质中"构造,基性和酸性岩块散布在片麻岩和变泥质岩基质中(图 3-9A、B)。岩块的最长直径从几厘米到几米不等,岩块和基质遭受了强烈的变形变质作用改造,局部可见酸性岩块内部暗色矿物聚集定向(图 3-9C),广泛发育无根褶皱构造(图 3-9D、E)和逆冲断层(图 3-9F)。通过镜下观察,基性岩块主要岩性为斜长角闪岩,原岩可能为辉长岩或辉绿岩,可能来自研究区未变形的基性岩墙。该混杂岩露头基质内部广泛发育长英质脉体(图 3-9D、E)。长英质脉体与岩块和基质构造混杂堆积在一起,表明长英质脉体可能来自混杂岩内部岩石-构造单元的压溶。通过详细填图发现,该露头内部发育一明显倾向北西的逆冲断层(图 3-8、图 3-9F),该逆冲断层可能代表混杂岩形成过程中各岩石-构造单元间的叠瓦逆冲特征。

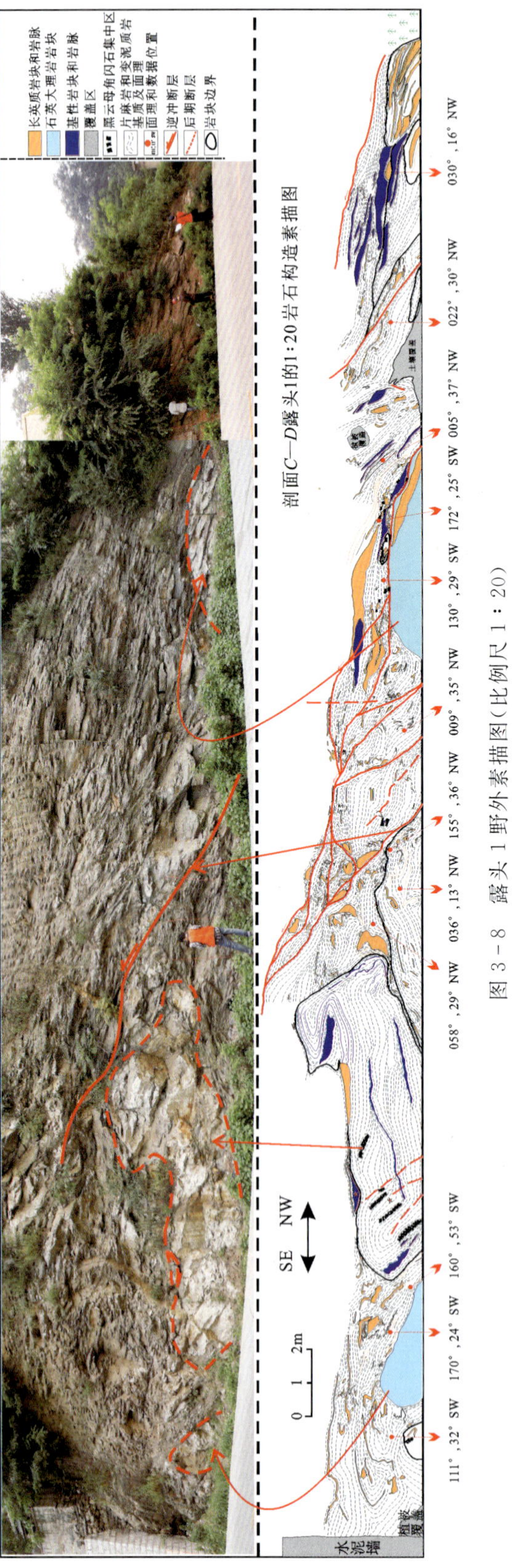

图 3-8　露头 1 野外素描图(比例尺 1：20)

图 3-9　露头 1 和露头 2 野外照片

露头 2(图 3-10):长 54m,高 7m。该露头位于露头 1 的南东侧。相比露头 1,该露头酸性岩块(脉)更加广泛出露,长英质岩脉发生褶皱,褶皱的产状总体显示向南东逆冲的特征(图 3-10)。基性和酸性岩块出露于该混杂岩露头内(图 3-9G、H),整套岩石-构造组合被后期未变形的基性岩墙侵入(图 3-9G),基性岩墙遭受了较强的后期蚀变,但仍保留了未变形岩墙的野外特征。混杂岩内部可识别出一条倾向北西的逆冲断层,断层切割了长英质脉体。

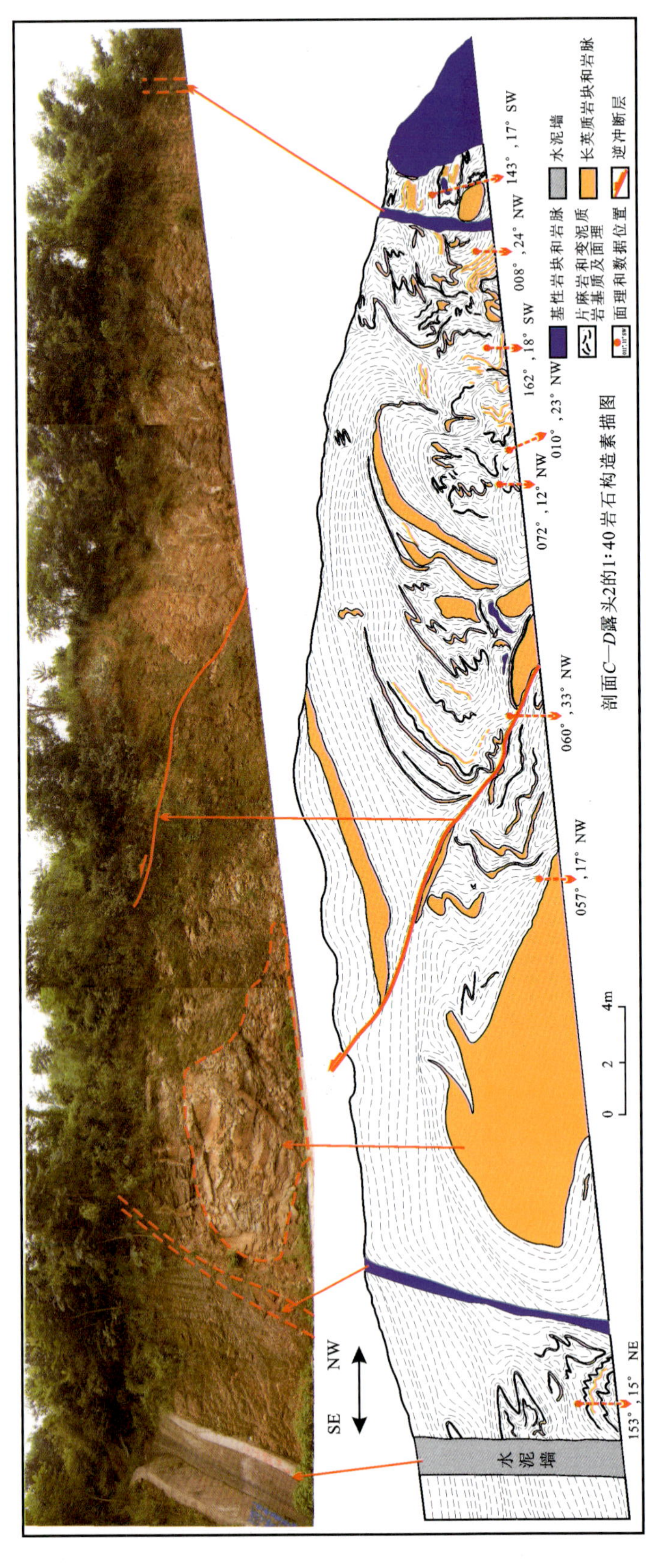

图 3-10　露头 2 野外素描图(比例尺 1:40)

综合露头1和露头2两处的野外地质特征发现，该混杂岩主要由基性和酸性岩块组成的岩块散布在片麻岩和变泥质岩基质内，各岩石-构造单元发生强烈的变形，褶皱、断层发育。野外总体显示逆冲叠瓦的特征与增生楔内的构造样式和特征吻合。

三、运动学分析

对混杂岩内部发育的不对称组构分析可为确定区域运动学特征提供重要信息，在全球典型混杂岩内已经得到验证，例如San Juan岛Lopez构造混杂岩、Franciscan混杂岩、Zagros混杂岩、日本西南Shimanto Belt Miyama混杂岩、阿拉斯加Kenai Peninsula McHugh混杂岩。赞皇混杂岩内部岩块和基质均遭受了强烈的变形变质作用改造，以广泛发育的不对称旋转碎斑、鳞片状面理、线理等为代表。本部分引入Kano等(1991)和Kusky等(1999)对混杂岩组构和运动学分析方法，探讨赞皇混杂岩运动学特征，进而为华北克拉通古俯冲极性提供重要信息。

1. 基本准则

尽管传统上认为混杂岩是不同来源的岩石杂乱分布在混乱基质中而形成的难以辨认的混杂体，但已有数位地质学者研究出解译这些复杂地质单元运动学特征和来源的方法。Kano等(1991)和Kusky等(1999)发展和引入了混杂岩组构运动学分析方法，并将该方法成功运用于日本和阿拉斯加等年轻混杂岩带的研究中。Faghih等(2012)也将该方法成功运用于伊朗白垩纪混杂岩带。这种分析方法得出的结论是，混杂岩组构及运动学特征与增生型造山带内古俯冲带的俯冲形式和极性密切相关。该方法目前还未应用于华北克拉通中部造山带赞皇混杂岩。

混杂岩内的早期构造通常形成于低变质级别，此时有流体大量出现，剪切带变形较弱，线理不发育或较弱，因此动力学分析必须基于其他构造要素间的几何关系，而不是基于线理分析。上述数位学者研究和使用的技术，其核心在于不同构造要素(在野外易获得的测量数据)在吴氏网上投影交叉所求解的方向能指示剪切和伸展方向。在简单剪切和平面应变条件下，该方法能唯一确定剪切方向，即使应变复杂程度增加也同样适用。下面仅简单介绍该方法的基本原理，详细方法参考上述相关文献。

基本准则如下：在混杂岩形成早期阶段的低变质富流体岩石中，发育典型网状鳞片组构，几何上与更高级变质的糜棱岩 $S-C$ 组构相似(图3-11)。这种情况下，最基本运动学指示标志是贯穿剪切面(C 面，糜棱岩中称 C 面或Cissalamont面)和碎斑形态优选方位或次级面理(S 面)之间的交叉线。此外，在平面应变情况下，许多伸展剪切(传统文献中的 R_1 剪切)与 $S-C$ 面一样具有相同的交叉关系。这种运动学分析的简便之处在于，只要测量 $S-C$、R_1-S 或 R_1-C 面的任何一组，在球面投影图投出 $S-C$、R_1-S 或 R_1-C 的交叉点，剪切方向就是 C 面内沿赤平投影图中交叉点旋转90°后的方向(图3-11)。

混杂岩内的另一运动学指示标志是布丁状碎斑的伸展方向。假定它为简单剪切和2D应变。如果呈布丁状的能干层被拉伸，则伸展轴(如布丁颈)垂直于混杂岩中剪切或物质传输的方向。该技术同样可用于野外观察：测量面理和伸展轴，利用赤平投影确定面理和伸展轴的交叉点旋转90°后的方向(包括两个方向)，然后根据野外实际情况排除一个方向，剩下的方向

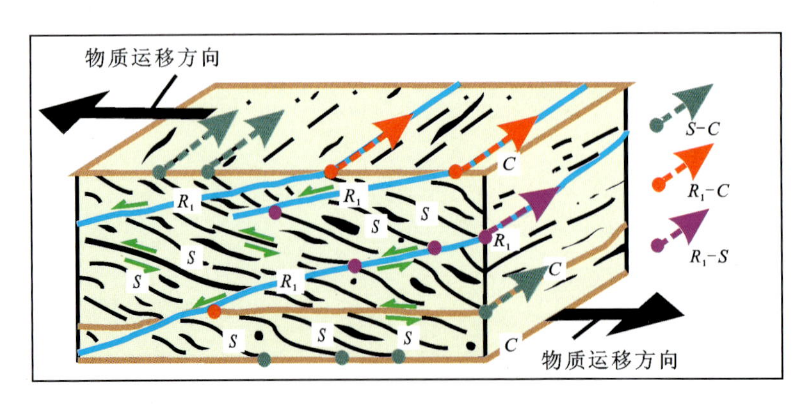

图 3-11 混杂岩带内运动学关系分析示意图

注：C. 主剪切面；S. 碎斑形态优选方位或次级面理；R_1. 伸展剪切面；
黑色箭头为物质运输方向或剪切方向，蓝色线为 R_1 面边界，棕色线为 C 面边界，黑色线为 S 面。
紫色点为 R_1-S 面之间的交叉线，红色线为 R_1-C 面之间的交叉线，绿色线为 S-C 面之间的交叉线。

即为剪切或物质传输的方向。

上述运动学指示标志为分析获得剪切方向提供了可能。因此，下一步的主要任务是寻找不对称组构（可能含 S-C 组构，只要不是 C-R_1 面）或非对称残碎斑晶系。许多混杂岩中，原始残片被拉开并显示与剪切面有明显关系。因为残碎斑晶原始层和混杂岩基质之间的能干性不同，所以这些残碎斑晶的运动方式与柔软基质（如石英）中的坚硬残碎斑晶（如长石）相似，但这种情况下，碎斑分布在含水页岩基质中的玄武岩或砂岩碎块中。很多这种不对称残斑系具有“S”形或单斜对称的特征，可用来唯一确定它们变形期间的剪切方向。

2. 运动学分析

赞皇混杂岩内部广泛发育鳞片状面理、旋转碎斑、线理等不对称伸展构造。在石槽村附近，鳞片状面理完好保存于沉积岩中（图 3-12A），且与原始层理呈一定角度，表明向南东逆冲的特征。尽管经历了强烈的变形作用，赞皇混杂岩内部的不同岩石类型岩块形成的拖尾现象也暗示了向南东逆冲的特征（图 3-12B、C）。此外，变沉积岩层形成的逆冲推覆双重构造表明北西-南东的剪切（图 3-12D）。

通过对关键露头 1 和露头 2 的大比例尺岩石-构造填图发现，混杂岩岩块遭受过强烈的剪切变形，形成大量的 S-C 组构（图 3-13A、B、C、D）。笔者对 4 处典型露头进行了详细素描（图3-13A、B、C、D），结果显示：4 个露头 C 组构均统一由 S-C 组构上、下两侧的小断层所指示，S 组构由暗色矿物的定向拉伸线理（图 3-13A）、长英质集合体的长轴方向（图 3-13B、C、D）所指示。因 S 组构和 C 组构两者之间存在一定交角，所以两者交于一直线（在赤平投影图上由图3-13E、F、G、H 中的红点表示）。因此，将交线旋转 90°为物质运移方向，即断层上盘相对下盘的运移方向，代表了混杂岩形成时两侧地体的相对运动方向。具体分析过程和结果见表 3-1，结果总体显示物质由北西向南东方向运移的特征，即混杂岩内部组构显示向南东方向的逆冲。图 3-13D 和图 3-13H 显示向北东方向逆冲，与大部分数据不一致，可能是受后期构造运动所致。

图 3-12　赞皇混杂岩不对称组构野外照片

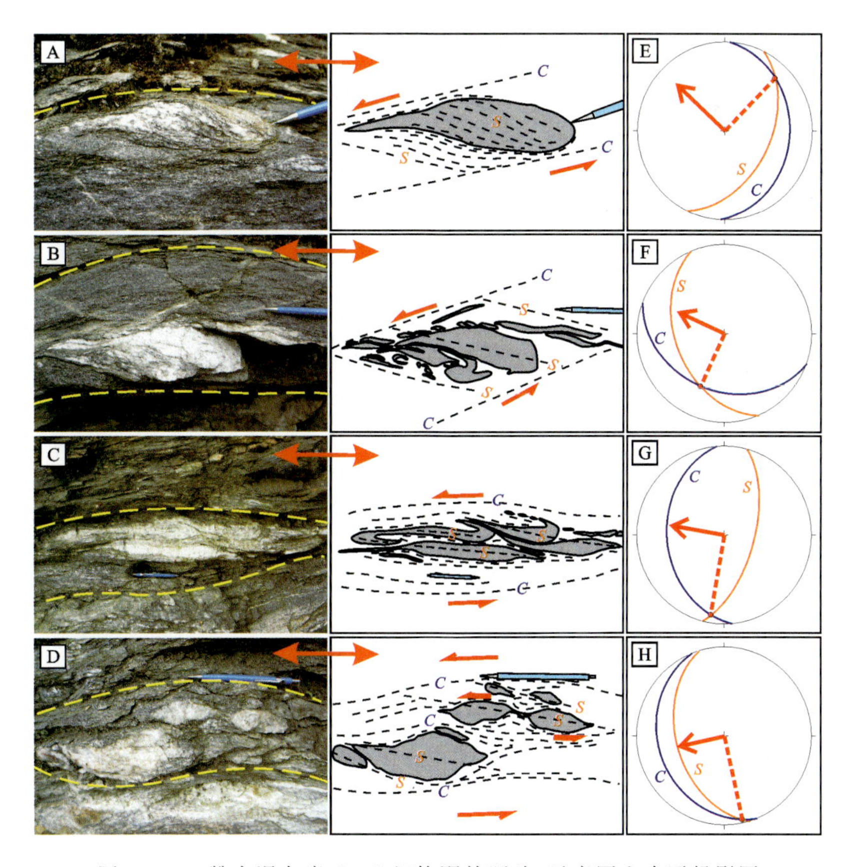

图 3-13　赞皇混杂岩 S-C 组构野外照片、示意图和赤平投影图

表 3-1　运动学分析结果

图序	原始产状（走向/倾角/方向）	交线产状（倾伏向/倾伏角）	交线旋转 90°后方向（结合野外实际情况判断）	结果（物质运移方向）
图 3-13A	S:26°/47°/NW	44°/18°	134°/18°(√)	SE
图 3-13E	C:3°/27°/NW		314°/18°(×)	
图 3-13B	S:157°/43°/SW	205°/35°	115°/35°(√)	SE
图 3-13F	C:110°/35°/SW		295°/35°(×)	
图 3-13C	S:15°/62°/NW	190°/10°	100°/10°(√)	SE
图 3-13G	C:175°/34°/SW		280°/10°(×)	
图 3-13D	S:163°/44°/SW	168°/5°	78°/5°(√)	NE
图 3-13H	C:158°/25°/SW		258°/5°(×)	

笔者对研究区各岩石-构造单元进行了构造要素（面理、线理、褶皱轴面和转折端）产状的收集（图 3-14，表 3-2）。西部赞皇地块东缘发育面理，面理面低角度倾向北西（<40°），线理

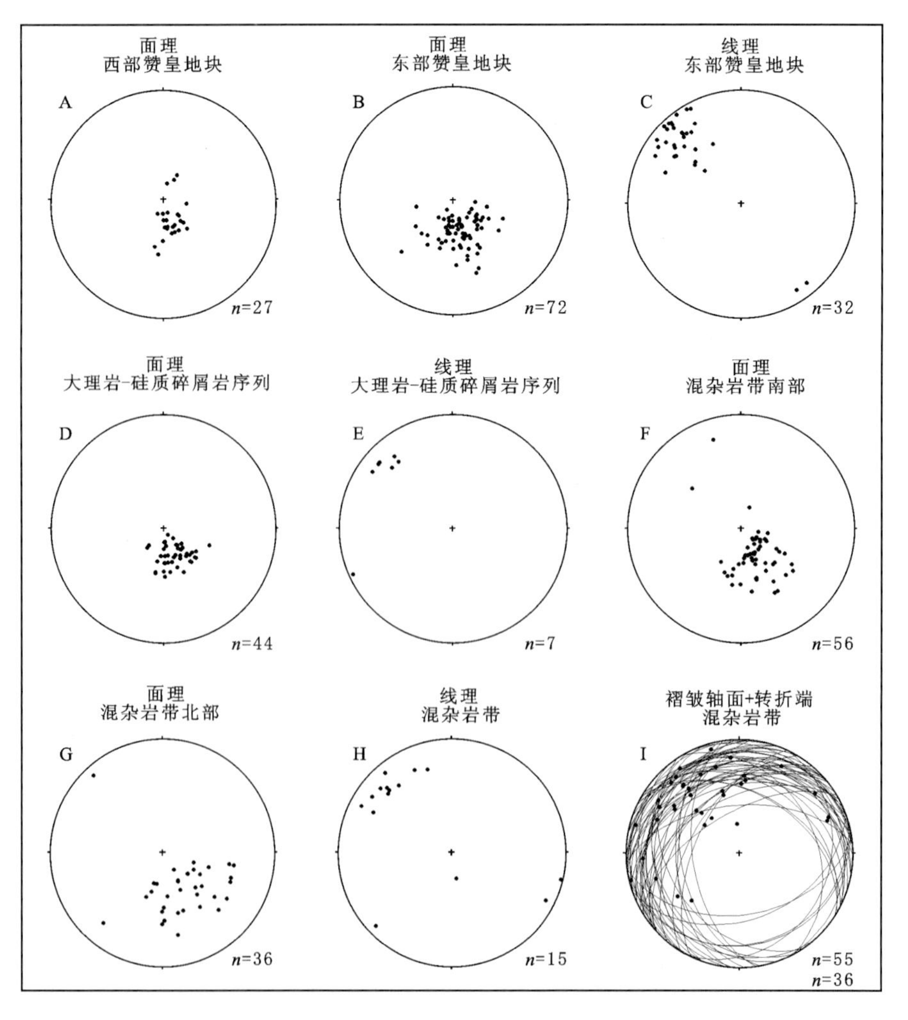

图 3-14　研究区各岩石-构造单元组构数据极射赤平投影图

不发育(图 3-14A)。东部赞皇地块西缘面理和线理广泛发育。面理面在该单元北部倾向北,西南部倾向北西,线理表现出相同的产状特征(图 3-14C)。大理岩-硅质碎屑岩单元面理和线理发育。面理面低角度(＜35°)倾向北西(图 3-14D),线理倾向北西(5°～25°,图 3-14E)。混杂岩单元内部大量发育面理、线理和褶皱。面理和线理数据总体显示倾向北西,在花岗岩侵入周缘呈放射状产出,这与王家庄花岗岩后期侵入有关(图 3-14F、G、H)。混杂岩内发育的褶皱轴面总体倾向北西,转折端倾向北西(图 3-14I),倾角范围变化较大(10°～50°)。

表 3-2　研究区各岩石-构造单元野外产状数据统计表

西部赞皇地块	东部赞皇地块		大理岩-硅质碎屑岩序列		赞皇混杂岩			褶皱	
面理	面理	线理	面理	线理	面理		线理	轴面	转折端
					S	N			
图 3-14A	图 3-14B	图 3-14C	图 3-14D	图 3-14E	图 3-14F	图 3-14G	图 3-14H	图 3-14I	
82°/21°/N	35°/20°/W	310°/25°	50°/32°/N	312°/15°	85°/25°/N	40°/24°/W	320°/10°	108°/21°/E	321°/23°
105°/12°/S	30°/25°/W	330°/20°	45°/20°	315°/26°	70°/15°/N	10°/55°/W	315°/24°	153°/8°/E	334°/24°
85°/20°/N	74°/29°/N	306°/30°	40°/17°/N	321°/26°	10°/20°/W	20°/55°/W	344°/25°	115°/31°	320°/14°
120°/16°/S	100°/22°/N	320°/20°	52°/15°/N	305°/15°	75°/20°/N	88°/40°/N	117°/8°	81°/12°/N	4°/32°
120°/20°/S	90°/19°/N	310°/46°	42°/31°/N	245°/4°	70°/20°/N	50°/40°/N	336°/22°	90°/35°/N	315°/46°
88°/15°/N	73°/25°/N	312°/55°	70°/30°/N	321°/20°	35°/13°/W	130°/70°/N	313°/25°	172°/56°/W	2°/39°
90°/10°/N	65°/30°/N	315°/30°	130°/16°/N	311°/15°	60°/20°/N	55°/15°/N	315°/21°	170°/47°/W	345°/6°
86°/20°/N	11°/25°/N	312°/45°	83°/10°/N		62°/20°/N	60°/23°/N	322°/26°	48°/15°/N	5°/36°
70°/10°/N	20°/39°/W	320°/38°	81°/32°/N		65°/20°/N	105°/29°/E	169°/71°	81°/32°/N	322°/58°
110°/11°/N	76°/45°/N	147°/10°	85°/10°/N		70°/25°/N	105°/23°/E	226°/8°	25°/58°/N	345°/46°
45°/15°/N	27°/29°/W	318°/6°	50°/16°/N		50°/15°/N	100°/23°/E	297°/24°	85°/55°/N	345°/23°
80°/15°/N	95°/19°/E	319°/9°	45°/10°/N		40°/11°/W	110°/34°/E	104°/1°	57°/31°/N	356°/69°
70°/25°/N	98°/24°/N	318°/12°	52°/15°/N		50°/20°/W	61°/24°/N	312°/17°	59°/61°/N	235°/34°
65°/20°/N	100°/15°/N	335°/42°	54°/18°/N		55°/31°/W	39°/24°/N	305°/16°	51°/45°/N	355°/17°
80°/20°/N	93°/11°/N	140°/10°	88°/25°/N		80°/20°/N	64°/30°/N	297°/12°	19°/34°/N	253°/24°
45°/16°/N	122°/8°/N	330°/5°	60°/25°/N		48°/35°/N	23°/56°/N		61°/50°/N	345°/43°
63°/25°/N	44°/22°/N	332°/6°	80°/20°/N		25°/20°/W	10°/51°/N		40°/47°/N	309°/58°
65°/20°/N	74°/17°/N	309°/16°	100°/32°/N		83°/22°/N	17°/36°/N		50°/25°/N	26°/16°
70°/21°/N	70°/27°/N	319°/24°	130°/18°/N		120°/28°/E	30°/32°/N		82°/45°/S	292°/23°
90°/30°/N	72°/57°/N	305°/29°	82°/25°/N		45°/35°/N	17°/24°/N		178°/43°/W	52°/16°
75°/25°/N	89°/29°/N	320°/21°	65°/21°/N		93°/26°/N	28°/26°/N		73°/40°/N	322°/29°
50°/20°/N	75°/42°/N	315°/5°	70°/22°/N		105°/36°/E	45°/61°/N		31°/54°/N	68°/16°

续表 3-2

西部赞皇地块	东部赞皇地块		大理岩-硅质碎屑岩序列		赞皇混杂岩			褶皱	
面理	面理	线理	面理	线理	面理		线理	轴面	转折端
					S	N			
图 3-14A	图 3-14B	图 3-14C	图 3-14D	图 3-14E	图 3-14F	图 3-14G	图 3-14H	图 3-14I	
48°/22°/N	65°/28°/N	307°/8°	89°/15°/N		69°/23°/N	48°/80°/S		21°/4°/N	225°/41°
50°/27°/N	69°/54°/N	304°/13°	75°/25°/N		68°/28°/N	10°/51°/N		4°/26°/N	303°/16°
100°/35°/N	44°/29°/N	299°/15°	86°/20°/N		100°/35°/E	35°/60°/N		70°/41°/S	256°/2°
95°/40°/N	38°/22°/N	324°/4°	95°/20°/N		23°/19°/N	46°/35°/N		20°/20°/N	285°/6°
10°/17°/W	72°/15°/N	292°/29°	87°/25°/N		43°/19°/N	40°/51°/N		48°/46°/N	320°/24°
	40°/22°/N	311°/23°	88°/35°/N		35°/17°/N	55°/49°/N		100°/23°/N	320°/34°
	71°/14°/N	322°/23°	100°/33°/N		11°/13°/N	83°/32°/N		47°/25°/N	304°/32°
	170°/27°/E	319°/7°	35°/29°/N		42°/12°/N	75°/43°/N		150°/33°/N	300°/20°
	145°/33°/E	315°/9°	65°/35°/N		27°/21°/N	40°/38°/N		70°/13°/N	325°/10°
	103°/13°/E	325°/25°	54°/6°/N		29°/13°/N	90°/43°/N		86°/11°/N	317°/50°
	70°/26°/N		51°/31°/N		30°/16°/N	90°/53°/N		78°/12°/N	267°/16°
	70°/19°/N		100°/24°/N		30°/37°/N	88°/50°/N		100°/16°/N	316°/15°
	60°/40°/N		40°/27°/N		80°/47°/N	70°/45°/N		8°/19°/N	70°/18°
	61°/37°/N		58°/23°/N		35°/46°/N	79°/63°/N		162°/25°/W	306°/30°
	72°/37°/N		20°/36°/N		64°/25°/N			81°/35°/N	
	45°/25°/N		45°/27°/N		62°/54°/N			47°/37°/N	
	99°/24°/N		47°/25°/N		58°/46°/N			32°/16°/N	
	51°/16°/N		42°/32°/N		73°/39°/N			71°/21°/N	
	51°/16°/N		42°/32°/N		73°/39°/N			71°/21°/N	
	5°/16°/W		50°/26°/N		31°/33°/N			142°/16°/S	
	81°/33°/N		80°/13°/N		46°/48°/N			75°/21°/S	
	50°/27°/N		50°/20°/N		59°/54°/N			65°/34°/N	
	126°/31°/N		89°/31°/N		90°/41°/N			65°/31°/N	
	120°/37°/N				39°/50°/N			85°/24°/N	
	110°/30°/N				30°/30°/N			147°/37°/S	
	65°/43°/N				98°/42°/N			60°/45°/N	
	135°/54°/E				72°/38°/N			122°/36°/E	
	115°/15°/E				73°/38°/N			120°/45°/E	

续表 3-2

西部赞皇地块	东部赞皇地块		大理岩-硅质碎屑岩序列		赞皇混杂岩			褶皱	
面理	面理	线理	面理	线理	面理		线理	轴面	转折端
					S	N			
图 3-14A	图 3-14B	图 3-14C	图 3-14D	图 3-14E	图 3-14F	图 3-14G	图 3-14H	图 3-14I	
	30°/20°/W				62°/21°/N			117°/44°/E	
	75°/28°/N				100°/30°/N			153°/27°/W	
	80°/35°/N				110°/34°/N			30°/20°/N	
	25°/15°/W				59°/36°/N			117°/19°/N	
	35°/25°/W				39°/46°/S			80°/20°/S	
	33°/40°/W				113°/16°/S			26°/21°/S	
	37°/15°/W				73°/70°/S				
	87°/48°/N								
	80°/18°/N								
	130°/16°/N								
	105°/20°/N								
	133°/33°/N								
	89°/35°/N								
	95°/24°/N								
	90°/15°/N								
	72°/20°/N								
	70°/20°/N								
	80°/21°/N								
	85°/24°/N								
	100°/18°/N								
	105°/32°/N								
	100°/30°/N								
	105°/36°/N								

注:表中数字含义为走向/倾角/方向。

综上所述,研究区组构数据总体显示向南东逆冲特征:西部赞皇地块向南东逆冲至赞皇混杂岩序列上,赞皇混杂岩逆冲至东部赞皇地块西缘沉积的大理岩-硅质碎屑岩序列(被动大陆边缘序列)上。赞皇混杂岩内部组构数据也表明向南东逆冲-增生,表明华北克拉通为中部造山带向南东逆冲与东部陆块碰撞的结果。

第三节　赞皇混杂岩形成时代

一、侵入混杂岩后期花岗岩体年代学

1. 王家庄花岗岩锆石 U－Pb 年代学

从王家庄花岗岩边部到核部，笔者进行了系统采样，共采集 7 件未遭受蚀变的样品，样品号分别为 13XT17－1、13XT19－1、13XT22－1、13XTA－20、13XTA－21、13XTA－22、13XTA－23。测年锆石取自样品 13XT17－1、13XT19－1 和 13XT22－1。锆石多呈浅黄—浅色，透明，边缘清晰，自形—半自形，颗粒较大，为 50～200μm，锆石形态多为长柱状，长短轴比为 1∶3，少数呈短柱状，长短轴比为 1∶2。样品 13XT17－1、13XT19－1 和 13XT22－1 锆石 Th/U 比值范围分别为 0.40～1.06、0.28～0.65 和 0.44～0.68，3 个样品 Th/U 比值范围与典型岩浆锆石一致。在锆石阴极发光(Cl)图像中，多数锆石发光较强，大多具有振荡环带(图 3－15)特征，少数锆石颗粒边部有薄的增生变质边，表明这些锆石具有岩浆成因特征。锆石稀土含量结果见表 3－3，球粒陨石标准化投图(图 3－16)显示具有重稀土富集、Ce 正异常、Eu 负异常特征，符合岩浆锆石稀土配分模式。

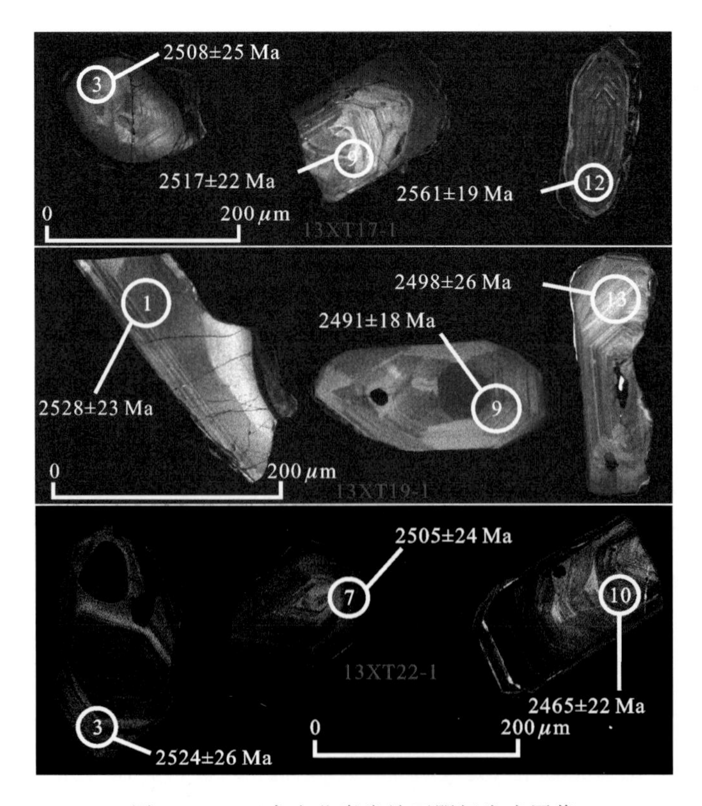

图 3－15　王家庄花岗岩锆石阴极发光图像

表 3-3 锆石微量元素含量数据

样品号	点号	元素含量/$\times10^{-6}$													
		La	Ce	Pr	Sm	Nd	Eu	Gd	Tb	Dy	Ho	Er	Tm	Yb	Lu
13XT17-1	13XT17-1-1	0.015	5.83	0.033	1.77	0.73	0.23	8.67	2.87	34.8	12	55.5	11	113	19.1
	13XT17-1-2	0.043	8.78	0.48	11.1	8.02	2.1	48.8	13.5	144	45.5	188	34.5	319	50.2
	13XT17-1-3	0.01	12.8	0.13	4.5	1.76	0.48	20.7	6.26	74.3	24.7	111	21.4	210	34.3
	13XT17-1-4	2.91	15.3	1.3	9.63	9.68	1.37	42.4	11.6	128	40.7	172	31.6	298	47.7
	13XT17-1-5	0.006 7	10.2	0.099	3.53	1.83	0.57	17.6	5.46	64.4	22	99.9	19.5	194	31.8
	13XT17-1-6	0.17	9.29	0.63	12.4	9.51	2.27	48.9	13.3	142	44.9	189	34.4	322	51.8
	13XT17-1-7	0.056	13.4	0.26	8.02	4.72	0.65	38.9	11.5	131	43.2	187	35.2	335	54.1
	13XT17-1-8	0.072	8.64	0.52	10.5	8.46	1.95	43	11.6	125	39.5	165	30.6	289	45.3
	13XT17-1-9	0.03	7.72	0.25	6.56	4.45	1.2	30	8.16	90.6	28.7	122	23	219	34.6
	13XT17-1-10	0.81	11.9	0.31	4.38	2.72	0.7	19.4	5.79	67	22.2	98.5	19.5	194	30
	13XT17-1-11	0.71	19	0.77	12.6	9.6	2.33	52.1	14.1	150	47.1	197	36.2	333	52.7
	13XT17-1-12	0.97	13.7	0.39	2.85	2.49	0.57	14.3	4.81	59.4	21	99.1	20.8	217	36
	13XT17-1-13	0.13	10.7	0.14	3.61	1.68	0.29	18.5	5.66	68.8	23.3	106	20.8	206	33.6
	13XT17-1-14	2.67	36	2.04	7.44	10.9	1.11	23.9	7.42	87.1	30	139	28.9	290	47.7
	13XT17-1-15	0.033	9.14	0.41	11.9	7.61	2.11	45.2	12.3	133	41.5	171	31.4	294	45.6
	13XT17-1-16	1.7	12.8	0.31	3.07	2.16	0.38	13.3	4.11	47.9	16.8	76.2	15.1	151	24.2
	13XT17-1-17	0.27	8.25	0.22	3.37	2.41	0.55	16.1	4.67	55.5	18.6	83	16.3	159	25.5
	13XT17-1-18	0.055	8.61	0.12	2.06	1.16	0.22	10.2	3.31	42.4	15	72.4	15.5	161	26.2
	13XT17-1-19	0.11	9.78	0.23	5.27	3.58	0.96	24.5	7.14	80	25.9	112	21.5	211	33.1
	13XT17-1-20	0.094	8.57	0.087	2.69	1.5	0.46	14	4.41	50.7	17.5	78.4	15.7	155	25.6
	13XT17-1-21	0.65	11.1	0.73	7.37	7.5	1.09	27.2	7.76	86.8	27.9	119	22.5	214	33.6

续表 3-3

样品号	点号	元素含量/×10⁻⁶													
		La	Ce	Pr	Sm	Nd	Eu	Gd	Tb	Dy	Ho	Er	Tm	Yb	Lu
13XT19-1	13XT19-1-1	0.22	11.1	0.42	10.8	7.23	1.44	47	12.5	138	43.2	177	33.1	302	48.5
	13XT19-1-2	0.04	12.8	0.19	6.21	4.02	0.54	30	8.54	96.6	31.5	132	25.8	240	39.6
	13XT19-1-3	0.58	10.1	0.3	4.97	3.61	0.64	22.7	6.63	76.1	24.7	106	20.4	194	32.5
	13XT19-1-4	2.11	40.9	1.35	13.4	11.3	0.73	59.5	17.7	212	71.9	318	62.3	590	96.7
	13XT19-1-5	0.043	12.9	0.15	4.24	2.66	0.46	20.6	5.98	71.5	24.3	106	21.6	211	34.7
	13XT19-1-6	0.3	11.9	0.13	1.6	1.27	0.22	10.3	3.31	41.3	14.9	70.8	14.9	154	27
	13XT19-1-7	0.019	6.74	0.044	2.56	1.51	0.54	13.7	3.94	47.4	15.8	69.8	13.8	138	23.1
	13XT19-1-8	0.024	17	0.068	2.51	0.95	0.21	14.3	4.48	56.7	19.5	86.8	17.3	167	28.5
	13XT19-1-9	0.017	10.8	0.09	3.3	1.56	0.34	18	5.3	63.1	21.3	93.3	19.1	187	30.3
	13XT19-1-10	0.26	17.1	0.14	2.95	1.38	0.17	16.7	5.77	76.6	28.6	140	30.9	319	54.6
	13XT19-1-11	0.12	12.3	0.14	2.88	1.59	0.44	16.8	5.17	61.3	21	91.8	18.8	182	30
	13XT19-1-12	0.011	9.78	0.075	2.17	1.31	0.45	12.6	3.81	46.1	15.6	69	13.6	132	22.4
	13XT19-1-13	0	8.21	0.047	2.59	1.15	0.35	13.2	4.01	49	16.8	75.2	15.1	149	24.5
	13XT19-1-14	0.017	15	0.063	2.24	1.1	0.31	13.6	4.56	55.4	19.8	90.3	18.6	184	31
	13XT19-1-15	7.48	42.9	5.32	17.5	35.2	2.2	53.3	12.7	135	41.3	166	31.3	285	45.6
	13XT19-1-16	0.039	8.24	0.3	9.13	5.3	1.45	40.4	10.6	115	35.8	146	27.3	252	40.8
	13XT19-1-17	18	69.8	6.53	12.2	33.6	1.05	35.3	8.82	96.9	30.4	126	24.2	227	36
	13XT19-1-18	0.008	8.54	0.27	8.03	4.93	1.25	38	10.4	115	35.6	147	27.7	257	41.4
	13XT19-1-19	0.008 1	8.94	0.098	3.18	1.61	0.52	16.6	4.68	56.1	18.7	83.1	16.3	158	26.8
	13XT19-1-20	0.098	16.1	0.95	18.3	14.4	1.84	75.1	19.3	209	64.6	264	48.3	430	69.6

续表 3-3

样品号	点号	元素含量/$\times 10^{-6}$													
		La	Ce	Pr	Sm	Nd	Eu	Gd	Tb	Dy	Ho	Er	Tm	Yb	Lu
13XT22-1	13XT22-1-1	0.005 2	13.1	0.09	4.34	2.04	0.39	21.3	6.73	77.9	25.7	110	22.5	219	32.8
	13XT22-1-2	0.11	8.36	0.44	9.89	6.82	1.31	36.8	10.3	110	34.8	139	27.5	272	37.2
	13XT22-1-3	0	5.26	0.051	1.83	1.17	0.2	9.35	2.93	34.7	12	53.4	11.3	116	17.3
	13XT22-1-4	0	6.73	0.14	6.3	3.04	0.93	29.2	8.66	94.4	30.8	125	25.2	249	35.1
	13XT22-1-5	0.041	6.16	0.3	8	5.07	1.18	29.2	7.96	86.5	27.1	111	22	217	30.4
	13XT22-1-6	17.2	59.2	5.93	9.85	30.7	0.37	23	6.56	74.5	25.4	112	23.7	244	35.8
	13XT22-1-7	0.023	7	0.13	4.04	2.55	0.65	18.9	5.79	62.7	20.9	87	17.7	176	26.3
	13XT22-1-8	0.051	8.2	0.39	10.2	6.33	1.43	41.1	11.5	123	39.1	157	30.4	297	41.3
	13XT22-1-9	0.012	4.92	0.07	4.24	2.01	0.68	20.5	6.16	71.6	23.5	99.6	19.8	198	28.8
	13XT22-1-10	0.11	11.6	0.18	2.52	2.18	0.2	12	3.86	47.2	16.2	71.7	15	155	22.6
	13XT22-1-11	0.002 3	4.71	0.073	2.94	1.41	0.46	13.7	4.13	46.3	15.8	57.6	13.9	139	21.1
	13XT22-1-12	0.007	7.91	0.21	6.49	3.53	1	27.2	7.94	86.1	27.8	113	22.7	227	31
	13XT22-1-13	23.2	77.9	10.7	14.7	57	1.02	22.6	5.24	51.3	16.5	70.7	14.4	147	21.5
	13XT22-1-14	70.8	205	26.8	28.8	135	1.11	37.5	7.88	75.1	23.5	98	19.8	199	28.6
	13XT22-1-15	0.008 8	6.93	0.24	7.03	4.28	0.95	32	9.23	102	32.9	133	26.6	262	36.3
	13XT22-1-16	0	8.04	0.21	7.78	4.77	1.06	33.9	9.66	105	33.9	141	27.2	257	38.9
	13XT22-1-17	3.45	15.5	1.23	3.36	6.74	0.46	14.2	4.21	47.9	16.7	73.1	14.9	149	22.8
	13XT22-1-18	0.023	8.91	0.087	2.81	1.43	0.3	15.5	4.96	56.5	19.5	84.4	17.1	176	26.4
	13XT22-1-19	0.009 5	5.95	0.21	7.09	4.64	1.15	32.6	9.07	97.5	31.9	131	25.7	252	36.4
	13XT22-1-20	0.073	10.2	0.67	14.5	11.4	1.6	53.1	14.6	153	47.2	190	36.8	349	49
	13XT22-1-21	0	6.69	0.17	6.55	3.24	1	30.2	8.93	101	32.3	135	26.7	263	37.3

续表 3-3

样品号	点号	元素含量/×10⁻⁶													
		La	Ce	Pr	Sm	Nd	Eu	Gd	Tb	Dy	Ho	Er	Tm	Yb	Lu
13XT22-1	13XT22-1-22	0	4.1	0.054	1.47	0.73	0.31	7.82	2.42	29.2	9.82	44.8	9.45	97.3	14.6
	13XT22-1-23	0.005 6	6.38	0.062	2.07	0.84	0.23	10.6	3.18	37.8	13.1	58.2	12.2	127	19
	13XT22-1-24	0.013	6.01	0.085	3.25	1.75	0.52	14.6	4.49	51.8	17.7	76.5	15.6	155	23.8
	13XT22-1-25	0.39	6.18	0.19	2.81	2.02	0.46	12.8	4.17	47.7	16.3	71.6	14.5	145	23.5
76-5c	76-5c-01	0.006 9	0.2	0.013	0.2	0.2	0.005 2	0.4	0.11	0.88	0.29	0.98	0.25	2.26	0.4
	76-5c-06	0.031	0.19	0.026	0.29	0.27	0.058	0.59	0.16	1.23	0.44	1.74	0.38	4.04	0.52
	76-5c-11	0.025	0.3	0.028	0.28	0.26	0.039	0.52	0.12	1.27	0.37	1.38	0.32	3.3	0.51
	76-5c-16	0.016	0.34	0.027	0.4	0.28	0.015	0.6	0.16	1.23	0.36	1.36	0.32	2.73	0.44
	76-5c-18	0.007 9	0.27	0.02	0.34	0.27	0.021	0.65	0.16	1.13	0.38	1.22	0.33	3.24	0.4
	76-5c-19	0.092	0.3	0.059	0.44	0.6	0.085	0.84	0.25	2.12	0.65	2.57	0.58	5.42	0.81
	76-5c-20	0.015	0.27	0.022	0.44	0.39	0.049	0.88	0.26	2.33	0.73	2.31	0.43	3.39	0.54
	76-5c-21	0.021	0.35	0.014	0.26	0.16	0.064	0.75	0.3	3.06	1.15	4.92	1.24	12.7	1.76
	76-5c-24	0.08	0.35	0.059	0.66	0.61	0.19	1.33	0.42	3.17	1.14	4.49	1.01	10.3	1.62
14XT-3a	14XT-3a-1	0.000 003 2	0.85	0.000 044	0.009 2	0.034	0.003 3	0.62	0.038	3.36	0.34	6.32	0.242	20.9	0.82
	14XT-3a-2	0.000 016 5	0.68	0.000 045	0.007 9	0.013	0.006 3	0.35	0.034	3.88	0.45	9.5	0.419	35.9	1.46
	14XT-3a-3	0.000 011 8	0.29	0.000 043	0.006 1	0.022	0.018	0.56	0.047	4.43	0.4	5.81	0.185	11.5	0.35
	14XT-3a-4	0.000 003 8	0.24	0.000 034	0.005 7	0.011	0.014	0.39	0.033	3.69	0.35	6.12	0.206	15.1	0.51
	14XT-3a-5	0	0.12	0.000 005	0.001 6	0.008 8	0.000 3	0.25	0.022	2.12	0.21	3.47	0.12	9.12	0.31
	14XT-3a-6	0.000 000 4	0.13	0.000 006	0.002 1	0.014	0.000 4	0.38	0.031	3.08	0.29	4.68	0.158	12	0.39
	14XT-3a-7	0.000 002 9	0.16	0.000 007	0.002 7	0.011	0.000 7	0.33	0.029	3.25	0.3	5.26	0.177	12.1	0.41

续表 3-3

样品号	点号	元素含量/$\times 10^{-6}$													
		La	Ce	Pr	Sm	Nd	Eu	Gd	Tb	Dy	Ho	Er	Tm	Yb	Lu
14XT-3a	14XT-3a-8	0.000 013 3	0.38	0.000 071	0.009 3	0.024	0.065	0.52	0.042	4.47	0.42	6.75	0.233	15.5	0.5
	14XT-3a-9	0.000 03	0.62	0.000 155	0.018	0.023	0.047	0.51	0.035	2.58	0.18	2.37	0.069	4.78	0.16
	14XT-3a-10	0.000 000 6	0.19	0.000 008	0.002	0.009 5	0.003 2	0.27	0.023	2.27	0.19	2.99	0.093	6.81	0.2
	14XT-3a-11	0.000 002 1	0.23	0.000 021	0.003 2	0.017	0.001	0.42	0.033	3.58	0.34	5.9	0.209	14.7	0.5
	14XT-3a-12	0.000 028 8	0.56	0.000 092	0.011	0.018	0.019	0.4	0.034	3.21	0.31	5.44	0.185	14	0.48
	14XT-3a-13	0.000 006 5	0.27	0.000 035	0.008 5	0.017	0.021	0.43	0.032	3.27	0.32	5.59	0.198	13.9	0.47
	14XT-3a-14	0.000 003 2	0.16	0.000 012	0.001 9	0.016	0.003 1	0.43	0.035	3.19	0.26	3.67	0.106	7.34	0.24
	14XT-3a-15	0.000 163 6	3.03	0.000 739	0.11	0.071	0.46	0.56	0.036	3.35	0.3	5.44	0.217	19.5	0.71
	14XT-3a-16	0.000 002 1	0.17	0.000 01	0.001 8	0.013	0.000 7	0.41	0.034	3.52	0.32	5.38	0.174	12.5	0.4
	14XT-3a-17	0.000 021 9	0.31	0.000 044	0.004 5	0.014	0.001 5	0.42	0.038	4.01	0.39	6.9	0.255	18.7	0.66
	14XT-3a-18	0.000 007 8	0.26	0.000 049	0.006 8	0.013	0.002 2	0.31	0.025	2.63	0.23	3.55	0.119	8.31	0.25
	14XT-3a-19	0.000 003	0.19	0.000 021	0.003 5	0.015	0.001 2	0.37	0.031	3.1	0.3	4.99	0.182	13.4	0.45
	14XT-3a-20	0.000 000 5	0.21	0.000 022	0.005 2	0.013	0.004 8	0.36	0.031	3.19	0.32	5.77	0.208	15.6	0.54
	14XT-3a-21	0.000 000 3	0.14	0.000 007	0.001 4	0.011	0.000 5	0.3	0.024	2.56	0.23	3.85	0.145	10.4	0.34
	14XT-3a-22	0	0.13	0.000 003	0.001 3	0.012	0.000 4	0.34	0.029	3.07	0.29	4.83	0.164	12.6	0.4
14XT-4	14XT-4-1	0.000 025 1	3.23	0.000 117	0.015	0.02	0.018	0.34	0.026	3.14	0.38	9.06	0.436	44.7	1.97
	14XT-4-2	0.000 001	0.85	0.000 015	0.003 8	0.019	0.004	0.88	0.089	12.3	1.6	35.6	1.552	135	5.39
	14XT-4-3	0.000 032 8	3.05	0.000 116	0.015	0.021	0.004 7	0.4	0.034	3.88	0.49	11.2	0.511	50.3	2.27
	14XT-4-4	0.000 019 4	3.59	0.000 205	0.036	0.065	0.047	1.52	0.12	13.5	1.57	33.2	1.407	120	4.63
	14XT-4-5	0.000 003 7	0.89	0.000 03	0.009 7	0.031	0.007 7	0.74	0.062	7.34	0.85	17.8	0.753	64.1	2.44
	14XT-4-6	0.000 004 8	2.21	0.000 03	0.006 1	0.013	0.003 7	0.26	0.025	3.15	0.41	10.2	0.519	51.9	2.42

续表 3-3

样品号	点号	元素含量/×10⁻⁶													
		La	Ce	Pr	Sm	Nd	Eu	Gd	Tb	Dy	Ho	Er	Tm	Yb	Lu
14XT-4	14XT-4-7	0.000 004 7	1.67	0.000 032	0.005 1	0.011	0.003 6	0.27	0.024	3.03	0.4	9.59	0.489	49.4	2.28
	14XT-4-8	0.000 180 7	3.88	0.000 519	0.05	0.055	0.005 5	0.71	0.048	4.99	0.54	12	0.55	52.5	2.31
	14XT-4-9	0.000 003 3	1.2	0.000 037	0.007 2	0.015	0.009 8	0.27	0.027	3.53	0.48	12	0.606	62.8	2.96
	14XT-4-10	0.000 000 3	1.35	0.000 027	0.007 1	0.033	0.006 1	0.72	0.059	6.66	0.8	17.7	0.795	69.1	2.89
	14XT-4-11	0.000 000 1	0.37	0	0.001 3	0.007 2	0.000 9	0.29	0.03	4	0.51	11.5	0.507	44	1.8
	14XT-4-12	0.000 037 8	1.41	0.000 162	0.021	0.027	0.006 2	0.55	0.048	5.57	0.68	14.6	0.637	55.2	2.19
	14XT-4-13	0.000 119	2.41	0.000 292	0.031	0.026	0.005 2	0.5	0.041	5.47	0.68	15.8	0.696	61.7	2.38
	14XT-4-14	0.003 137 8	25.3	0.005 404	0.42	0.2	0.011	1.27	0.072	6.33	0.61	12.1	0.527	49.7	2.09
	14XT-4-15	0.000 022 4	1.68	0.000 119	0.024	0.061	0.012	1.42	0.11	12.8	1.47	30.3	1.268	108	4.16
	14XT-4-16	0	0.83	0.000 005	0.001 6	0.012	0.001 3	0.35	0.03	3.96	0.51	11	0.494	43.5	1.79
	14XT-4-17	0.000 000 2	1.04	0.000 039	0.011	0.042	0.007 7	1.02	0.08	9.5	1.08	22.5	0.937	79.6	3.11
	14XT-4-18	0	0.35	0.000 01	0.004 4	0.02	0.002 7	0.67	0.059	7.81	1	21.9	0.991	86	3.51
	14XT-4-19	0.000 002 9	2.24	0.000 028	0.005	0.013	0.005 8	0.35	0.028	3.52	0.43	10.2	0.504	49.9	2.3
	14XT-4-20	0.000 027 1	2.3	0.000 104	0.012	0.021	0.005 9	0.42	0.036	4.63	0.57	13.8	0.673	66.8	2.96
	14XT-4-21	0	0.25	0	0.001	0.003 8	0.000 8	0.15	0.016	2.25	0.3	7.29	0.36	35.6	1.52
	14XT-4-22	0.000 002 1	0.25	0.000 014	0.003 9	0.012	0.002 9	0.36	0.033	4.13	0.56	12.7	0.593	55.6	2.5
	14XT-4-23	0	0.46	0.000 003	0.001 1	0.008	0.001 5	0.31	0.03	3.71	0.47	10.7	0.474	43.5	1.86
14XT-7-3	14XT-7-3-1	0.000 001 2	1.15	0.000 021	0.008 1	0.028	0.002	0.87	0.075	8.69	1.03	21.2	0.9	73	2.77
	14XT-7-3-2	0.000 002 1	0.88	0.000 028	0.007 6	0.024	0.002 3	0.58	0.049	5.62	0.64	13	0.538	45.5	1.75
	14XT-7-3-3	0.000 000 2	0.79	0.000 014	0.004 1	0.013	0.001 9	0.42	0.035	4.18	0.49	10.4	0.446	37.7	1.47
	14XT-7-3-4	0	1.31	0.000 018	0.005 4	0.027	0.000 8	0.78	0.073	8.77	1.06	21.9	0.923	75.9	2.79

续表 3-3

样品号	点号	元素含量/$\times10^{-6}$													
		La	Ce	Pr	Sm	Nd	Eu	Gd	Tb	Dy	Ho	Er	Tm	Yb	Lu
14XT-7-3	14XT-7-3-5	0.000 169 8	2.24	0.000 362	0.04	0.054	0.008 7	1.03	0.076	7.92	0.86	16.7	0.672	55.4	2.05
	14XT-7-3-6	0.000 009 6	1.2	0.000 041	0.007	0.017	0.004 5	0.36	0.032	4.22	0.58	14	0.692	68	2.92
	14XT-7-3-7	0.000 000 8	0.96	0.000 006	0.003 6	0.019	0.001	0.59	0.053	6.91	0.8	16.9	0.717	61.1	2.3
	14XT-7-3-8	0.000 000 5	1.08	0.000 022	0.007 2	0.029	0.002 7	0.74	0.061	6.9	0.77	15.8	0.655	56.2	2.07
	14XT-7-3-9	0.000 032 6	1.73	0.000 089	0.012	0.032	0.001 9	0.8	0.065	7.62	0.89	18.7	0.789	67.9	2.56
	14XT-7-3-10	0.000 000 5	1.46	0.000 04	0.015	0.055	0.002	1.51	0.13	15.6	1.79	36.2	1.445	116	4.11
	14XT-7-3-11	0.000 005 1	0.63	0.000 019	0.004 7	0.017	0.001 4	0.48	0.041	4.61	0.54	11.6	0.473	41.7	1.65
	14XT-7-3-12	0.000 000 6	1.04	0.000 006	0.002 2	0.006 8	0.003	0.24	0.02	2.58	0.37	9.47	0.476	49.8	2.41
	14XT-7-3-13	0.000 001	0.71	0.000 038	0.012	0.045	0.005 3	0.94	0.079	8.85	1.01	19.9	0.829	68.7	2.63
	14XT-7-3-14	0.000 007 1	3.71	0.000 112	0.03	0.073	0.015	1.51	0.11	12.3	1.43	29	1.204	102	3.99
	14XT-7-3-15	0	0.71	0.000 03	0.008 4	0.031	0.003	0.68	0.053	6.07	0.67	13.6	0.563	47.3	1.77
	14XT-7-3-16	0	3.28	0.000 01	0.003 9	0.016	0.004 3	0.44	0.035	4.24	0.51	11.5	0.546	51.3	2.09
	14XT-7-3-17	0	1.13	0.000 01	0.005 1	0.022	0.001 4	0.69	0.06	7.33	0.88	18.4	0.772	65.1	2.5
	14XT-7-3-18	0.000 001 6	1.09	0.000 032	0.01	0.042	0.001 8	0.95	0.079	8.81	0.99	20	0.814	67.3	2.54
	14XT-7-3-19	0.000 000 5	2.29	0.000 01	0.003 7	0.012	0.003 9	0.31	0.027	3.33	0.43	10.2	0.502	49.9	2.2
	14XT-7-3-20	0	1.01	0.000 01	0.002 9	0.017	0.001 1	0.42	0.037	4.6	0.54	11.1	0.489	41.8	1.62
	14XT-7-3-21	0.000 000 2	0.62	0.000 024	0.008 2	0.031	0.004 5	0.69	0.054	6.02	0.67	13.1	0.529	43.9	1.65
13XTA-39	13XTA-39-1	0	60.4	0.2	1.45	2.79	0.88	16	6.34	74.6	30.4	143	35.8	384	77.8
	13XTA-39-2	516	917	110	451	141	133	184	28.6	211	64.2	296	75.1	826	177
	13XTA-39-3	26.4	251	20.4	119	55.8	65.4	56.6	8.07	72	25.5	120	31.4	334	66.3
	13XTA-39-4	4.92	118	8.22	71.6	35.3	39.3	54.4	7.89	67.6	23.4	111	26.3	300	58.9

续表 3-3

样品号	点号	元素含量/×10⁻⁶													
		La	Ce	Pr	Sm	Nd	Eu	Gd	Tb	Dy	Ho	Er	Tm	Yb	Lu
13XTA-39	13XTA-39-5	1169	3296	491	2303	762	761	831	63.4	294	76.7	342	92.1	1027	220
	13XTA-39-6	8.19	143	7.27	42.5	21.4	16	44.3	7.12	72.6	23.8	111	27.6	297	59.3
	13XTA-39-7	48.2	61.3	5.86	28.7	18	7.1	47.6	17.7	255	111	607	161	1742	366
	13XTA-39-8	108	818	111	925	823	622	1308	129	588	113	344	68.8	684	136
	13XTA-39-9	0.48	35.1	0.32	0.42	0.56	0.86	11.8	4.15	50.8	20.4	106	26.8	312	65.1
	13XTA-39-10	0.31	17.2	1.29	8.84	8.75	2.32	25.6	5.89	45.6	13.2	48.9	9.81	87.5	15.4
	13XTA-39-11	137	764	132	955	506	496	660	66.8	290	63.2	248	57.1	630	129
	13XTA-39-12	145	833	90.5	645	358	440	464	47.3	298	83.8	349	80	826	160
	13XTA-39-13	90.8	110	12.1	80.7	29.3	56.7	29.5	4.47	44.3	18.6	89.6	22.3	259	52.1
	13XTA-39-14	11.1	269	17.8	105	45.4	32.1	75.3	14.7	112	35.1	142	33.2	363	69.8
	13XTA-39-15	10.3	120	7.25	46.7	30.9	21.1	51.2	12.1	114	43	191	51.4	535	113
	13XTA-39-16	122	572	49.9	319	161	132	273	48.8	446	148	689	176	1847	371
	13XTA-39-17	5.15	78.8	3.35	18.5	15.2	15.8	36.3	7.35	82.7	27.7	130	31.8	346	73.6
	13XTA-39-18	113	534	82.5	568	199	451	142	17.5	161	53.2	255	63	686	134
	13XTA-39-19	18.3	251	20.4	120	65.7	39.9	112	23.8	191	51.2	202	47.3	498	93.1
	13XTA-39-20	139	307	33.5	207	148	242	278	44.6	264	59.6	203	43	477	93.1
	13XTA-39-21	87.5	574	74.3	459	242	147	357	63.3	424	106	386	82.2	816	150
	13XTA-39-22	171	1283	127	780	492	559	851	103	511	108	339	70.3	699	137
	13XTA-39-23	17	212	17.5	104	52	50.4	65.5	8.6	71.2	21.5	103	25.3	294	62.5
	13XTA-39-24	287	3054	343	2040	579	572	772	104	608	132	429	90.1	908	167
	13XTA-39-25	130	436	42.9	227	118	91.2	191	36.6	305	86.5	367	87.3	913	184
	13XTA-39-26	586	2052	286	1632	283	270	181	15.4	129	48	242	62.7	663	136

续表 3-3

样品号	点号	元素含量/×10⁻⁶													
		La	Ce	Pr	Sm	Nd	Eu	Gd	Tb	Dy	Ho	Er	Tm	Yb	Lu
13XTA-39	13XTA-39-27	11.6	110	5.3	30.7	21.7	17.8	51.9	10.5	108	33.6	143	34.1	349	71.2
	13XTA-39-28	154	788	107	467	67.8	71.9	74.6	16.8	172	63.8	321	78.7	828	172
	13XTA-39-29	23.5	289	30.4	179	25.7	34.6	35.5	7.71	68.1	23.4	113	27.2	303	61.9
	13XTA-39-30	152	1666	179	924	319	351	552	92.2	566	134	526	127	1375	285
13XTA-31-1	13XTA-31-1-1	0	15.14	0.06	0	0.46	0.11	2.54	0.94	12.43	5.51	31	8.74	101.73	17.48
	13XTA-31-1-2	0	21.74	0.08	1.53	0.84	0.26	9.08	2.95	39.97	16.19	86.12	23.07	245.5	43.01
	13XTA-31-1-3	0	9.84	0.14	2.34	0	0.49	1.57	0.37	5.48	2.53	14.41	4.23	48.73	9.18
	13XTA-31-1-4	1.29	41.37	0.54	5.23	1.84	1.12	10.16	3.43	43.26	19.08	112.94	31.55	358.94	69.36
	13XTA-31-1-5	0.56	9.58	0.27	2.46	0	0.15	0.88	0.69	8.76	3.81	22.29	6.58	67.92	12.11
	13XTA-31-1-6	1.23	8.32	0.31	0	0.91	0.51	1.94	0.84	9.87	4.55	26.94	7.66	90.3	15.3
	13XTA-31-1-7	0.17	18.44	0.42	6.92	7.47	3.17	15.55	2.8	23.45	6.43	29.33	6.74	73.01	12.56
	13XTA-31-1-8	2.23	39.41	2.04	11.58	6.53	1.36	17.55	5.36	61.19	22.35	107.34	27.12	287.89	49.67
	13XTA-31-1-9	0.19	15.41	0.82	5.53	0.55	0.78	2.73	0.49	7.83	3.72	18.49	5.36	63.11	12.05
	13XTA-31-1-10	0.77	21.23	0.41	1.88	2.53	0.53	5.49	1.84	24.38	11.13	57.3	13.73	137.97	24.8
	13XTA-31-1-11	0.03	14.87	0.14	0.18	1.43	0.09	3.28	1.06	16.88	7.52	44.68	12.44	144.74	27.48
	13XTA-31-1-12	2.35	49.05	2.2	11.99	5.44	2.85	14.07	4.14	47.83	19.03	99.01	22.91	211.68	29.86
	13XTA-31-1-13	0.1	18.17	0	1.12	1.48	0.5	4.16	1.42	21.02	8.98	49.04	13.73	143.27	26.74
	13XTA-31-1-14	0	11.84	0.1	0.8	0.48	0.35	3.94	0.5	7.99	3.32	19.47	5.53	66.73	13.05
	13XTA-31-1-15	0.23	17.22	0.28	1.83	2.23	0.28	6.4	1.58	23.25	9.12	51.24	13.98	158.73	29.05
	13XTA-31-1-16	0.33	29.02	0.31	3	2.25	1.06	6.88	2.11	31.78	13.94	77.47	19.21	182.53	27.68
	13XTA-31-1-17	2.33	29.02	0.76	6.19	1.81	0.78	6.79	1.8	21.64	9.24	49.02	12.83	132.18	25.17

续表 3-3

样品号	点号	元素含量/×10⁻⁶													
		La	Ce	Pr	Sm	Nd	Eu	Gd	Tb	Dy	Ho	Er	Tm	Yb	Lu
13XTA-31-1	13XTA-31-1-18	0.85	18.34	0.39	4.14	0.93	0.97	2.43	0.95	8.74	3.49	19.28	4.98	48.22	8.62
	13XTA-31-1-19	0	11.81	0.08	0.44	1.05	0.38	2.29	0.49	7.1	3.41	20.01	4.96	57.26	11.09
	13XTA-31-1-20	0	12.63	0	0.1	0.39	0.72	2.73	0.9	11.36	4.53	24.56	6.35	73.94	13.13
	13XTA-31-1-21	0.37	23.72	0.17	0.19	2.07	0	5.76	2.32	33.58	14.32	76.08	20.99	220.31	41
	13XTA-31-1-22	0	16.26	0	0.46	0	0.25	1.74	0.98	11.59	5.54	31.51	8.54	98.32	19.07
	13XTA-31-1-23	0.32	18.69	0	0.82	0.2	0.34	4.94	1.73	24.06	10.32	58.98	15.4	167.38	31.9
	13XTA-31-1-24	3.05	87.29	0.96	4.8	2.84	2.31	22.45	6.46	79.14	33.53	170.82	39.39	340.75	48.78
	13XTA-31-1-25	0.04	17.05	0.16	2.22	2.73	0.13	7.33	2.18	31.47	14.08	83.16	21.26	233.19	44.83
	13XTA-31-1-26	0.55	25.81	0.46	2.68	1.63	0.18	5.38	2.51	39.98	18.34	95.05	22.81	234.12	44.43
	13XTA-31-1-27	0.08	20.64	0.07	1.44	2.34	1.01	12.87	3.99	47.75	19.85	102.47	25.34	265.34	48.69
13XTA-31-2	13XTA-31-2-1	2.31	52	1.48	12.6	12.2	5.3	32.2	8.8	85	30.7	146	32.1	272	42
	13XTA-31-2-2	2.16	89	2.12	17	9.4	9.4	30.5	7.6	86	35	166	37	316	48
	13XTA-31-2-3	1.03	45	1.9	22.2	21.7	9.2	40	6.7	54	17.2	78	18	159	26.5
	13XTA-31-2-4	0	13.6	0.15	0	0.55	0.08	3.4	1.28	20.7	9.8	50	12.3	118	18
	13XTA-31-2-5	1.87	76	2.67	27.9	26.4	6.9	46	10.3	87	28	116	23.9	214	33.8
	13XTA-31-2-6	1.6	87	2.82	22.6	12	5.2	27.5	7.5	89	35	167	39	327	48
	13XTA-31-2-7	0.73	14.6	0.41	1.61	0.35	0.35	2.76	0.58	7	3.6	20.9	5.6	68	15.7
	13XTA-31-2-8	1.47	105	3.37	46	47	16.5	64	13.3	129	48	226	50	442	68
	13XTA-31-2-9	0.07	9.7	0	0	0.86	0	2.64	0.46	5.6	2.92	17.3	4.9	54	11.5
	13XTA-31-2-10	0.42	61	0.46	6.6	7.1	2.18	16.8	5.6	80	35	186	43	387	58
	13XTA-31-2-11	0.51	58	0.29	4.9	3.6	2.71	16.9	4.9	65	28.1	148	35	317	48

续表 3－3

样品号	点号	元素含量/×10⁻⁶													
		La	Ce	Pr	Sm	Nd	Eu	Gd	Tb	Dy	Ho	Er	Tm	Yb	Lu
13XTA－31－2	13XTA－31－2－12	0.56	19.1	0.42	5.4	3.4	0.97	5.4	1.57	15.2	6	34	8.9	100	21.2
	13XTA－31－2－13	4.3	116	5.8	51	17.3	9.5	31.3	6.8	76	31.3	163	39	354	51
	13XTA－31－2－14	0.36	23.9	0.55	3.3	1.48	1.23	9.3	2.14	29.9	13.2	71	17.6	161	24
	13XTA－31－2－15	0.13	26.6	0.015	0	0.87	0.86	6.5	2.41	33.6	15.6	86	21.1	204	31.7
	13XTA－31－2－16	1.18	10	0.02	0	0.45	0.24	0	0.58	5.7	3.07	18.6	5.3	56	11.7
	13XTA－31－2－17	1.09	68	1.83	19.8	13.7	7.2	29.7	6.4	67	24.9	124	28.1	260	37
	13XTA－31－2－18	0.052 8	14.1	0.06	1.12	0.74	0.04	2.5	0.88	10.3	4.8	27	7.6	87	18.5
	13XTA－31－2－19	0.2	19.6	0.25	3.29	1.73	0.64	2.79	0.62	8.6	3.9	22.2	5.9	67	12.5
	13XTA－31－2－20	2.55	188	2.1	16.3	11.5	7.3	44	13.6	188	80	408	92	799	108
	13XTA－31－2－21	0.46	8.5	0	0.61	0	0.028 2	1.41	0.71	8.4	4.2	25	7.5	85	15.5
	13XTA－31－2－22	0.64	38	1.91	18.5	9.2	4.2	17.5	4.1	38	12.7	53	11.8	108	18.8
	13XTA－31－2－23	0.29	12.2	0.23	1.32	0.6	0.59	2.06	0.59	9.2	3.6	20.6	5.6	65	13.3
	13XTA－31－2－24	1.43	53	0.7	4.7	1.86	1.73	15	4.7	58	25	125	29.2	270	38
	13XTA－31－2－25	0.35	22.4	0.82	6.7	4.4	4.4	9.5	2.06	18.6	6.6	29	7.2	75	13.5
	13XTA－31－2－26	0.04	21.6	0.27	0.9	0.59	0.93	6.1	1.71	22.8	11.9	63	15	138	20.2
	13XTA－31－2－27	0.51	62	1.14	14.7	12.9	6.3	27.8	6.1	71	28	142	34	313	45
	13XTA－31－2－28	0.22	22.4	0.76	8.7	10.6	7.1	22.8	4.1	29.7	8.1	33.1	7.7	82	15
	13XTA－31－2－29	0	17.7	0.11	0.88	0.8	0.51	3.8	1.1	15.7	7	41	11.3	130	26.1

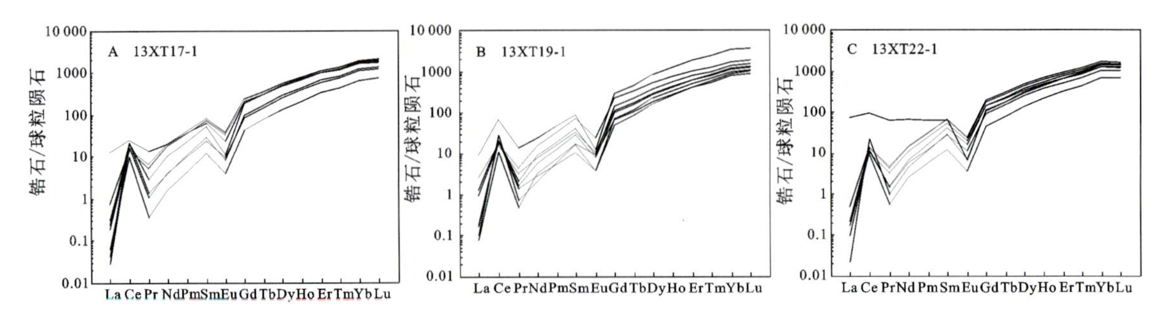

图 3-16　王家庄花岗岩球粒陨石标准化的锆石稀土元素配分曲线

对样品 13XT17-1、13XT19-1 和 13XT22-1 分别进行了 21 个、20 个和 25 个测试点的分析，具体结果见表 3-4。样品 13XT19-1 和 13XT22-1 的所有测试点分析结果均位于谐和线上或谐和线附近，获得 20 个和 25 个测点的 $^{207}Pb/^{206}Pb$ 年龄加权平均值分别为 2506±10Ma（图 3-17B）和 2513±13Ma（图 3-17C）。样品 13XT17-1 少数点由于 Pb 丢失而位于谐和线两侧，其余点均位于谐和线上，获得 21 个测点的加权平均值为 2517±20Ma（图 3-17A）。因此，锆石 U-Pb 结晶年龄显示王家庄岩体的形成时代约为 2.5Ga。

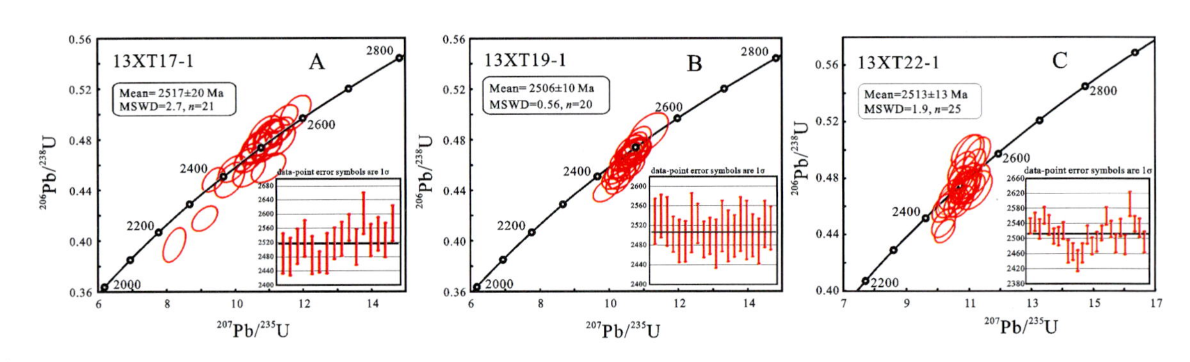

图 3-17　王家庄花岗岩锆石 U-Pb 年龄谐和图

2. 伟晶岩脉锆石 U-Pb 年代学

在路家庄村附近，对明显切穿混杂岩组构的未变形伟晶岩脉进行了采样，样品号为 76-5c。笔者对该样品进行了 LA-ICP-MS 锆石 U-Pb 年代学测试。

锆石多呈浅色，透明到半透明，边缘模糊，自形—半自形，颗粒较小，粒径为 20～70μm，锆石形态多为短柱状，长短轴比为 1∶2，少数呈长柱状，长短轴比为 1∶3。锆石 Th/U 比值范围为 0.2～1.03，与典型岩浆锆石一致。在锆石阴极发光（Cl）图像中，多数锆石发光较强，大多数具有振荡环带（图 3-18）特征，表明这些锆石具有岩浆成因特征。锆石稀土含量结果见表 3-3，球粒陨石标准化投图（图 3-19）显示具有重稀土富集、Ce 正异常、Eu 负异常特征，符合岩浆锆石稀土配分模式。

对锆石样品 24 个测试点的 LA-ICP-MS 分析，具体结果见表 3-4。由于 Pb 丢失，15 个测试点分析结果位于谐和线两侧，获得 9 个测点的 $^{207}Pb/^{206}Pb$ 年龄加权平均值分别为 2539±44Ma（图 3-20），上述结果显示未变形伟晶岩脉的形成时代为 2539±44Ma。

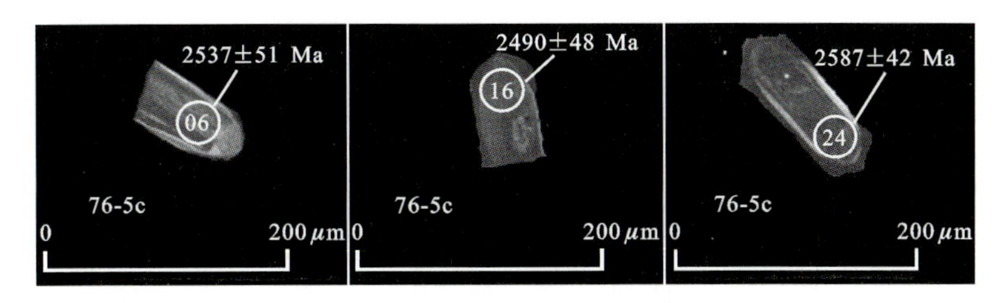

图 3-18　伟晶岩脉阴极发光图像

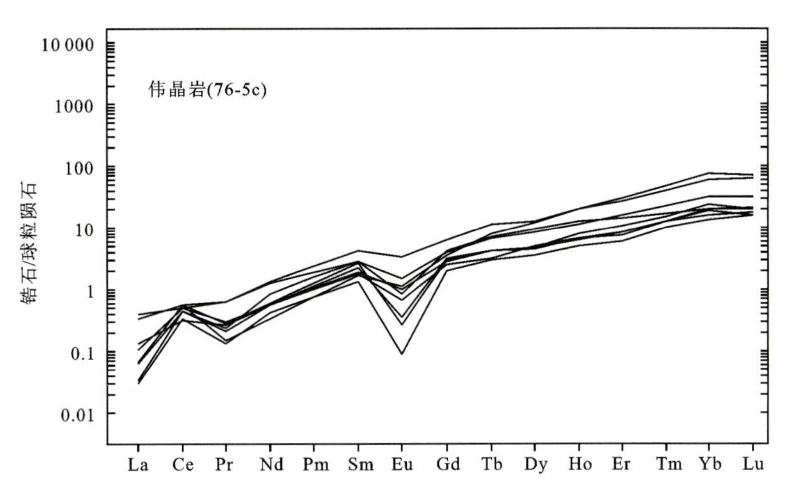

图 3-19　未变形伟晶岩脉球粒陨石标准化的锆石稀土元素配分曲线

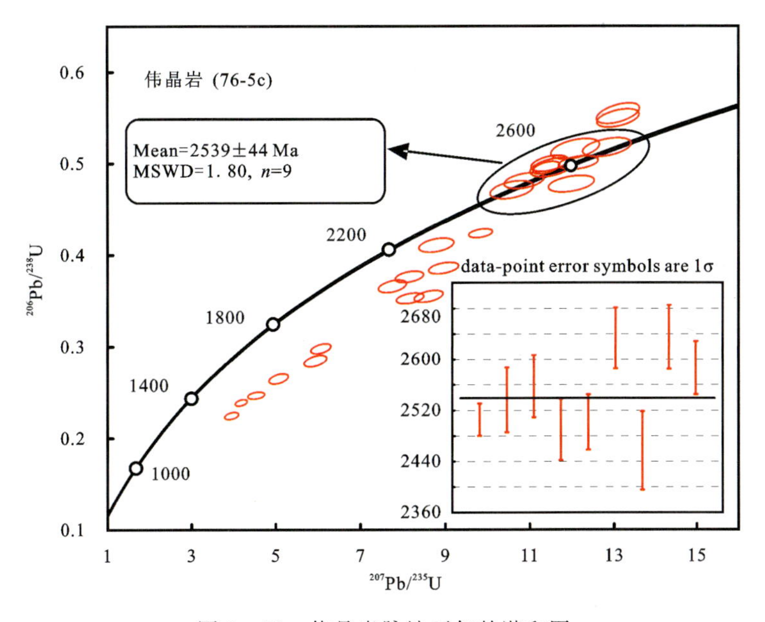

图 3-20　伟晶岩脉锆石年龄谐和图

表 3-4 LA-ICP-MS 锆石 U-Pb 数据

样品号	点号	Pb/ $\times10^{-6}$	Th/ $\times10^{-6}$	U/ $\times10^{-6}$	$^{207}Pb/^{206}Pb$	1s	$^{207}Pb/^{235}U$	1s	$^{206}Pb/^{238}U$	1s	$^{208}Pb/^{232}Th$	1s	$^{207}Pb/^{206}Pb$	1s	$^{207}Pb/^{235}U$	1s	$^{206}Pb/^{238}U$	1s
13XT17-1	13XT17-1-1	32	12	22.1	0.163 2	0.002 8	10.894	0.210 5	0.483	0.006 4	0.124 1	0.003 2	2489	28	2514	18	2540	28
	13XT17-1-2	83	36.1	34.2	0.162 3	0.002 5	10.638 1	0.178 8	0.473 4	0.004 8	0.127 8	0.002 5	2479	26	2492	16	2498	21
	13XT17-1-3	79	31.8	39.8	0.165 1	0.002 4	11.033 9	0.176 2	0.483 1	0.004 6	0.128	0.002 5	2508	25	2526	15	2541	20
	13XT17-1-4	77	30.9	36.8	0.167 3	0.002 6	10.965 8	0.182	0.474 1	0.004 4	0.125 4	0.002 5	2531	25	2520	15	2502	19
	13XT17-1-5	65.9	26.1	35.9	0.162 7	0.002 7	10.438 6	0.183 5	0.465 4	0.004 8	0.122 9	0.002 8	2484	27	2474	16	2463	21
	13XT17-1-6	83	32.7	42.1	0.158 4	0.002 4	9.124 4	0.151 8	0.417 3	0.004	0.13	0.002 5	2439	26	2351	15	2248	18
	13XT17-1-7	206	79	107	0.160 9	0.001 9	10.313 1	0.137 9	0.463 7	0.003 6	0.125 2	0.002	2465	15	2463	12	2456	16
	13XT17-1-8	66.6	27.9	29	0.163 2	0.002 8	10.636 5	0.193 4	0.473 7	0.005 6	0.122 7	0.002 8	2489	28	2492	17	2500	24
	13XT17-1-9	63.3	26	28.1	0.165 9	0.002 7	10.426 5	0.197 7	0.454 8	0.005	0.123 8	0.002 9	2517	22	2473	18	2416	22
	13XT17-1-10	76	28.8	34.8	0.167 2	0.002 4	10.943 6	0.183 8	0.474	0.004 9	0.129 3	0.002 6	2529	24	2518	16	2501	21
	13XT17-1-11	96	38.2	43	0.152 2	0.002 2	9.381 8	0.132 7	0.448	0.004	0.126 1	0.002 3	2372	24	2376	13	2387	18
	13XT17-1-12	326	103	223	0.170 4	0.001 9	11.799 6	0.185 9	0.500 6	0.005 7	0.13	0.002 4	2561	19	2589	15	2617	24
	13XT17-1-13	91	31	60	0.159 2	0.002 2	9.855 6	0.179 7	0.447 8	0.005 7	0.128 9	0.002 7	2448	24	2421	17	2386	25
	13XT17-1-14	238	90.4	206	0.150 5	0.001 6	8.241 2	0.134 6	0.396 6	0.005 5	0.111 9	0.001 8	2352	12	2258	15	2153	25
	13XT17-1-15	83	33.1	36.7	0.164 9	0.002 5	10.989 8	0.177 9	0.483 6	0.004 9	0.126 2	0.002 5	2506	25	2522	15	2543	21
	13XT17-1-16	75	27.4	46.1	0.157 6	0.002 5	9.934 6	0.164 8	0.456 7	0.004 3	0.129 4	0.002 8	2431	25	2429	15	2425	19
	13XT17-1-17	48.3	18.2	25.5	0.174 5	0.003 1	11.002 3	0.207 1	0.457 5	0.004 7	0.131 8	0.003 3	2601	29	2523	18	2428	21
	13XT17-1-18	96	29.1	72.3	0.166 8	0.002 2	11.456 1	0.171 1	0.496 6	0.004 2	0.132 9	0.002 8	2526	23	2561	14	2599	18
	13XT17-1-19	86	32.1	42.9	0.168 5	0.002 3	11.328 4	0.171 5	0.486 6	0.004 4	0.135	0.002 7	2543	23	2551	14	2556	19
	13XT17-1-20	63.7	23.3	37.9	0.166 8	0.002 4	11.17	0.188	0.484	0.004 8	0.133 6	0.003	2526	24	2537	16	2545	21
	13XT17-1-21	69	27.2	30.9	0.171 6	0.002 6	11.341 7	0.185	0.479 1	0.005	0.134 5	0.002 8	2573	25	2552	15	2523	22

续表 3－4

样品号	点号	Pb/ $\times10^{-6}$	Th/ $\times10^{-6}$	U/ $\times10^{-6}$	$^{207}Pb/^{206}Pb$	1s	$^{207}Pb/^{235}U$	1s	$^{206}Pb/^{238}U$	1s	$^{208}Pb/^{232}Th$	1s	$^{207}Pb/^{206}Pb$	1s	$^{207}Pb/^{235}U$	1s	$^{206}Pb/^{238}U$	1s
13XT19－1	13XT19－1－1	68.1	35.7	55.3	0.166 9	0.002 3	10.391 8	0.159 2	0.450 8	0.004 2	0.124 4	0.002 2	2528	23	2470	14	2399	18
	13XT19－1－2	90	43.2	87.3	0.168 1	0.002 2	10.654 6	0.16	0.458 3	0.003 9	0.125 1	0.002 1	2539	22	2493	14	2432	17
	13XT19－1－3	42.7	20.9	42.2	0.166 9	0.002 5	10.529 5	0.165 8	0.457 6	0.004 2	0.120 6	0.002 8	2528	25	2483	15	2429	19
	13XT19－1－4	532	262	565	0.164 4	0.001 7	10.624 2	0.142 4	0.466 7	0.004 4	0.121 9	0.001 9	2502	18	2491	12	2469	19
	13XT19－1－5	85	33.3	119	0.163 1	0.002 1	10.238 4	0.142 4	0.454 4	0.004	0.130 1	0.002 7	2488	22	2457	13	2415	18
	13XT19－1－6	103	41	137	0.162 8	0.002	10.302 9	0.134 6	0.457 6	0.003 6	0.127 9	0.002 4	2487	21	2462	12	2429	16
	13XT19－1－7	23.8	11.4	24.6	0.166 7	0.003	11.160 6	0.234 3	0.485 3	0.006 3	0.123 5	0.003 6	2525	30	2537	20	2550	27
	13XT19－1－8	90	44.3	95.9	0.166 6	0.002	10.271 6	0.141 6	0.445 6	0.003 7	0.121 4	0.002 1	2524	20	2460	13	2376	17
	13XT19－1－9	48.3	23.7	48.2	0.163 4	0.002 3	9.937 7	0.154 1	0.439 7	0.003 8	0.124 6	0.002 6	2491	18	2429	14	2349	17
	13XT19－1－10	331	134	458	0.163 9	0.001 8	10.577 1	0.135 5	0.466 1	0.003 9	0.123 3	0.001 9	2498	19	2487	12	2466	17
	13XT19－1－11	60.7	27.9	60.5	0.162 6	0.002 4	10.439 9	0.160 3	0.464 6	0.003 9	0.128 2	0.002 6	2482	25	2475	14	2460	17
	13XT19－1－12	43.4	20.2	40.3	0.166 1	0.002 6	10.777 3	0.187 9	0.469 2	0.004 7	0.125 7	0.003	2518	26	2504	16	2480	21
	13XT19－1－13	39	17.3	43.5	0.164	0.002 5	10.216	0.163 3	0.451 4	0.004 4	0.123 6	0.003	2498	26	2455	15	2402	20
	13XT19－1－14	78.9	34.9	83.9	0.164	0.002 1	10.754 9	0.148	0.474 7	0.004 4	0.122 7	0.002 3	2498	21	2502	13	2504	19
	13XT19－1－15	57	27.9	44.9	0.165 4	0.002 7	10.695 8	0.185 4	0.468	0.004 7	0.118 9	0.002 6	2522	27	2497	16	2475	20
	13XT19－1－16	46.7	23.3	36.7	0.165 3	0.002 9	10.705 7	0.208 3	0.469	0.005 1	0.120 7	0.002 8	2510	30	2498	18	2479	22
	13XT19－1－17	84	37.1	73.8	0.164 2	0.002 1	10.850 5	0.155 9	0.478 8	0.004 5	0.129 7	0.002 3	2499	22	2510	13	2522	20
	13XT19－1－18	50.5	24.2	40.2	0.163	0.002 3	10.612 4	0.173 4	0.471 6	0.004 7	0.125 5	0.002 6	2487	23	2490	15	2491	21
	13XT19－1－19	49.3	21.6	48	0.165 4	0.002 4	10.466 4	0.156 9	0.459 2	0.004 1	0.123 2	0.002 7	2522	24	2477	14	2436	18
	13XT19－1－20	128	63.7	98.4	0.165 6	0.002 2	10.736 2	0.161 2	0.469 7	0.004 1	0.123	0.002 2	2514	22	2501	14	2482	18

续表 3－4

样品号	点号	Pb/ $\times10^{-6}$	Th/ $\times10^{-6}$	U/ $\times10^{-6}$	$^{207}Pb/^{206}Pb$	1s	$^{207}Pb/^{235}U$	1s	$^{206}Pb/^{238}U$	1s	$^{208}Pb/^{232}Th$	1s	$^{207}Pb/^{206}Pb$	1s	$^{207}Pb/^{235}U$	1s	$^{206}Pb/^{238}U$	1s
13XT22－1	13XT22－1－1	97	40.6	78.1	0.167 5	0.002	10.242 7	0.132 1	0.442 2	0.003 4	0.132 3	0.002 2	2533	20	2457	12	2361	15
	13XT22－1－2	67.6	28.6	41.9	0.168 6	0.002 4	10.761 9	0.163 6	0.463 2	0.004 6	0.142 7	0.002 5	2544	24	2503	14	2454	20
	13XT22－1－3	29.8	11.2	23.1	0.166 7	0.002 6	10.775 9	0.174 2	0.469 5	0.004 8	0.142 6	0.003 8	2524	26	2504	15	2481	21
	13XT22－1－4	61.5	24.3	39	0.170 3	0.002 3	11.113 8	0.167 5	0.472 3	0.004 4	0.146 7	0.002 6	2561	22	2533	14	2494	19
	13XT22－1－5	43.1	17.3	25.4	0.167 7	0.002 6	10.932 6	0.179 4	0.473 8	0.005 1	0.146	0.003 1	2535	26	2517	15	2500	22
	13XT22－1－6	190	65.8	151	0.164 7	0.001 9	11.174 7	0.148 8	0.490 7	0.004	0.143 7	0.002 2	2506	20	2538	12	2574	17
	13XT22－1－7	45.3	18.3	28.9	0.164 8	0.002 4	11.274 6	0.176	0.496 6	0.004 9	0.138 4	0.002 8	2505	24	2546	15	2599	21
	13XT22－1－8	72.4	30.2	43.5	0.166 2	0.002 2	10.876 7	0.163 9	0.473 8	0.005	0.138 2	0.002 3	2520	22	2513	14	2500	22
	13XT22－1－9	35.2	13.7	24.1	0.160 9	0.002 4	11.03 7	0.186 7	0.496 7	0.005 6	0.141 8	0.003 2	2465	30	2526	16	2600	24
	13XT22－1－10	70.8	26.8	56.4	0.160 8	0.002 2	10.215	0.154 8	0.458 6	0.004 1	0.141	0.002 6	2465	22	2454	14	2433	18
	13XT22－1－11	28.1	10.7	20.4	0.158 6	0.002 6	10.927 1	0.191 2	0.498 6	0.004 8	0.139 4	0.003	2440	28	2517	16	2608	21
	13XT22－1－12	43.8	16.7	26.7	0.160 5	0.002 5	10.782 3	0.177 5	0.486 7	0.004 9	0.148 9	0.003	2461	25	2505	15	2556	21
	13XT22－1－13	52.3	19.2	37	0.165	0.002 3	10.846 2	0.161 6	0.476 5	0.004 6	0.146 8	0.002 9	2509	24	2510	14	2512	20
	13XT22－1－14	95	35.6	67.3	0.162 2	0.002 1	10.704	0.147 9	0.478 7	0.004 1	0.143 5	0.002 6	2480	22	2498	13	2521	18
	13XT22－1－15	58.3	23.4	37.1	0.163 4	0.002 5	10.809 3	0.177 2	0.481 8	0.005 5	0.143	0.002 9	2490	26	2507	15	2535	24
	13XT22－1－16	64.1	29.3	42.8	0.165 6	0.002 4	10.210 6	0.156 3	0.447 9	0.004 2	0.126 2	0.002 6	2514	19	2454	14	2386	19
	13XT22－1－17	49.5	18.6	37.9	0.170 2	0.002 4	11.242 5	0.180 2	0.478 9	0.004 4	0.138 1	0.002 9	2559	23	2543	15	2523	19
	13XT22－1－18	63.2	25.1	49.3	0.166 5	0.002 3	10.601 9	0.157 6	0.462 3	0.004 2	0.132 3	0.002 4	2524	22	2489	14	2450	19
	13XT22－1－19	46.4	20.2	30.9	0.163	0.002 4	10.373 5	0.165 5	0.461 9	0.004 2	0.131 7	0.002 6	2487	24	2469	15	2448	18
	13XT22－1－20	89	39.6	49.9	0.167	0.002 3	10.824 7	0.162 5	0.470 4	0.003 8	0.136 4	0.002 4	2528	23	2508	14	2485	17
	13XT22－1－21	55.6	23.3	37	0.162 6	0.002 5	10.475 5	0.170 7	0.468 5	0.004 6	0.137 7	0.002 8	2483	25	2478	15	2477	20

续表 3-4

样品号	点号	Pb/ ×10^-6	Th/ ×10^-6	U/ ×10^-6	$^{207}Pb/^{206}Pb$	1s	$^{207}Pb/^{235}U$	1s	$^{206}Pb/^{238}U$	1s	$^{208}Pb/^{232}Th$	1s	$^{207}Pb/^{206}Pb$	1s	$^{207}Pb/^{235}U$	1s	$^{206}Pb/^{238}U$	1s
13XT22-1	13XT22-1-22	20.6	7.48	16.2	0.173 5	0.003 4	11.201 4	0.225 4	0.471 2	0.005 7	0.144 1	0.004 4	2592	33	2540	19	2489	25
	13XT22-1-23	38.3	13.8	30.1	0.168	0.002 5	10.930 2	0.178 5	0.472 3	0.004 6	0.147 3	0.003 5	2539	20	2517	15	2494	20
	13XT22-1-24	38.1	16.1	27.7	0.166 8	0.002 5	10.976 2	0.184 1	0.477 7	0.005 3	0.130 9	0.002 9	2528	25	2521	16	2517	23
	13XT22-1-25	30.1	12.8	21.7	0.163 3	0.002 7	10.461 9	0.178 9	0.465 2	0.004 7	0.132 1	0.003 2	2490	28	2477	16	2463	21
76-5c	76-5c-1	40.58	51.9	73	0.164 9	0.002 5	11.397 1	0.210 6	0.495 2	0.004 5	0.124 5	0.002 1	2506	25	2556	17	2593	20
	76-5c-2	245.9	113	515	0.165 6	0.002 7	9.832 9	0.186 1	0.423 8	0.003 2	0.246 4	0.004 5	2513	26	2419	17	2277	14
	76-5c-3	101.1	112	403	0.124 6	0.002 6	4.171 5	0.096 1	0.239	0.002 3	0.070 6	0.001 8	2033	38	1668	19	1381	12
	76-5c-4	65.6	97.7	158	0.165 3	0.004 1	8.169 1	0.214 3	0.353	0.003 8	0.097 1	0.002 7	2511	43	2250	24	1949	18
	76-5c-5	85.1	112	263	0.149	0.004 2	5.932 9	0.175 6	0.284 6	0.004 1	0.116 4	0.003 4	2334	48	1966	26	1614	21
	76-5c-6	32.4	38.9	53.5	0.167 9	0.005 1	11.527 1	0.343 5	0.495 6	0.006 8	0.133 8	0.004 6	2537	51	2567	28	2595	30
	76-5c-7	161.4	62.5	264	0.171 4	0.004 2	13.100 1	0.334 8	0.549 3	0.006 5	0.249 9	0.007	2572	40	2687	24	2822	27
	76-5c-8	219	91.4	347	0.17	0.004	13.101	0.339 9	0.554 5	0.007 4	0.281 2	0.007 9	2558	39	2687	24	2844	31
	76-5c-9	119.2	129	429	0.133 4	0.004	4.533 7	0.134 2	0.246 8	0.002 5	0.067 1	0.002 5	2142	47	1737	25	1422	13
	76-5c-10	99.3	61.7	161	0.170 1	0.005	12.084 8	0.378 7	0.515 8	0.007 4	0.169 3	0.005 8	2558	49	2611	29	2681	31
	76-5c-11	95	182	194	0.157 3	0.004 2	8.151	0.221 1	0.376 4	0.004 1	0.082 5	0.002 4	2427	46	2248	25	2059	19
	76-5c-12	121.8	139	330	0.148	0.003 8	6.061 8	0.156 4	0.298 1	0.003 6	0.110 9	0.003 2	2324	43	1985	22	1682	18
	76-5c-13	146.4	132	463	0.137 8	0.003 6	5.070 2	0.150 5	0.265 1	0.003 7	0.072 2	0.002 5	2200	45	1831	25	1516	19
	76-5c-14	66.49	35	136	0.154 6	0.004 6	8.789 2	0.271 7	0.410 8	0.005 1	0.134 4	0.004 7	2398	51	2316	28	2219	23
	76-5c-15	95.7	85.6	157	0.163 3	0.004 7	10.871 5	0.316 9	0.481 2	0.005 7	0.129 7	0.003 9	2490	48	2512	27	2532	25
	76-5c-16	164.5	95.9	388	0.151 6	0.004	7.753 9	0.218 2	0.366	0.004 5	0.107 2	0.003 2	2365	46	2203	25	2011	21
	76-5c-17	73.5	59	117	0.164 4	0.004 2	11.478 5	0.294 9	0.5	0.005 8	0.139 1	0.004	2502	43	2563	24	2614	25

续表 3 - 4

样品号	点号	Pb/ $\times10^{-6}$	Th/ $\times10^{-6}$	U/ $\times10^{-6}$	$^{207}Pb/^{206}Pb$	1s	$^{207}Pb/^{235}U$	1s	$^{206}Pb/^{238}U$	1s	$^{208}Pb/^{232}Th$	1s	$^{207}Pb/^{206}Pb$	1s	$^{207}Pb/^{235}U$	1s	$^{206}Pb/^{238}U$	1s
76 - 5c	76 - 5c - 18	61.5	61.9	90.3	0.176 7	0.005 1	12.840 9	0.382 2	0.517 5	0.006 8	0.152 3	0.004 7	2633	48	2668	28	2689	29
	76 - 5c - 19	64.1	58.2	112	0.160 1	0.005 3	10.575 2	0.342 3	0.471 3	0.006 5	0.132 9	0.004 4	2457	61	2487	30	2489	28
	76 - 5c - 20	291.6	97.5	478	0.177 9	0.005 3	11.994 2	0.358 7	0.477 8	0.005 9	0.279 6	0.009 5	2635	50	2604	28	2518	26
	76 - 5c - 21	217.4	158	834	0.214 6	0.003 4	3.942 6	0.110 5	0.224 6	0.002 6	0.078 8	0.002 4	2033	50	1622	23	1306	14
	76 - 5c - 22	209.6	108	468	0.172 3	0.004 3	8.606 7	0.223 2	0.355 1	0.004 3	0.179 8	0.005 6	2580	41	2297	24	1959	20
	76 - 5c - 23	197.8	193	300	0.172 9	0.004 3	12.16	0.308 2	0.500 8	0.004 8	0.124 8	0.003 4	2587	42	2617	24	2617	21
	76 - 5c - 24	261.5	97.6	561	0.169 3	0.004 2	9.045 6	0.233 3	0.381 7	0.004 1	0.170 7	0.006	2551	42	2343	24	2084	19
14XT - 3a	14XT - 3a - 1	21.15	4.77	297	0.162	0.003 4	11.318 7	0.231 8	0.499 5	0.003 8	0.131 1	0.002 7	2476	41	2550	19	2612	16
	14XT - 3a - 2	29.44	3.81	512	0.153 6	0.002 9	9.302 3	0.173 6	0.432 9	0.003 5	0.127 3	0.002 7	2387	32	2368	17	2319	16
	14XT - 3a - 3	30.2	2.94	459	0.158 4	0.002 8	11.05 7	0.194 9	0.499 5	0.004 1	0.131 9	0.002 8	2439	29	2528	16	2612	18
	14XT - 3a - 4	23.91	2.59	360	0.156 1	0.002 8	10.910 3	0.184 4	0.500 5	0.003 7	0.139 1	0.002 9	2415	30	2516	16	2616	16
	14XT - 3a - 5	19.73	2.09	300	0.155 4	0.003 4	10.800 9	0.223 6	0.497 7	0.004 1	0.133	0.003 4	2406	37	2506	19	2604	18
	14XT - 3a - 6	23.36	2.23	347	0.152 5	0.003 3	10.940 5	0.225 8	0.513 4	0.004	0.141 9	0.003 6	2376	37	2518	19	2671	17
	14XT - 3a - 7	22.87	2.28	357	0.155	0.003	10.521 4	0.194 1	0.485 8	0.003 6	0.135 3	0.003 2	2402	33	2482	17	2552	16
	14XT - 3a - 8	30.2	3.32	454	0.155 2	0.002 7	10.868 4	0.182 2	0.500 9	0.003 4	0.132 1	0.002 6	2406	30	2512	16	2618	15
	14XT - 3a - 9	37.42	1.99	782	0.152 4	0.002 7	8.413 5	0.213	0.393 2	0.007 2	0.094 8	0.002 6	2373	30	2277	23	2138	33
	14XT - 3a - 10	23.83	2.17	369	0.156 7	0.003	10.717 6	0.193	0.489 5	0.003 6	0.135 8	0.003 1	2420	33	2499	17	2569	15
	14XT - 3a - 11	24.17	2.72	366	0.157 4	0.003 3	10.928 8	0.217 2	0.497 2	0.004 5	0.134 8	0.003 2	2428	35	2517	18	2602	20
	14XT - 3a - 12	24.73	2.72	413	0.158 2	0.003 3	9.958 3	0.194 8	0.451 3	0.003 9	0.13	0.003	2436	164	2431	18	2401	17
	14XT - 3a - 13	25.65	2.96	397	0.161 7	0.003 1	10.919 5	0.197 3	0.484 6	0.003 8	0.131 6	0.002 8	2474	31	2516	17	2547	16
	14XT - 3a - 14	28.1	2	440	0.161	0.002 8	10.971 8	0.188 4	0.489 4	0.003 6	0.133 2	0.003 3	2466	30	2521	16	2568	16

续表 3-4

样品号	点号	Pb/ $\times10^{-6}$	Th/ $\times10^{-6}$	U/ $\times10^{-6}$	$^{207}Pb/^{206}Pb$	1s	$^{207}Pb/^{235}U$	1s	$^{206}Pb/^{238}U$	1s	$^{208}Pb/^{232}Th$	1s	$^{207}Pb/^{206}Pb$	1s	$^{207}Pb/^{235}U$	1s	$^{206}Pb/^{238}U$	1s
14XT-3a	14XT-3a-15	34.48	2.89	670	0.165 7	0.002 9	9.138 4	0.190 7	0.395 3	0.004 6	0.188 9	0.005 4	2515	29	2352	19	2147	21
	14XT-3a-16	24.62	2.45	375	0.161 2	0.003 1	11.189 3	0.216 9	0.499 7	0.004	0.135 9	0.002 9	2468	32	2539	18	2612	17
	14XT-3a-17	26	3.04	383	0.160 7	0.003 3	11.419 1	0.236 4	0.512 2	0.004 1	0.143 2	0.003 1	2465	35	2558	19	2666	17
	14XT-3a-18	21.51	1.88	323	0.160 2	0.003 3	11.381 4	0.233 9	0.513 1	0.004 5	0.152 7	0.003 7	2458	29	2555	19	2670	19
	14XT-3a-19	23.53	2.54	355	0.162 2	0.003	11.409 1	0.215 2	0.507 6	0.004	0.141 7	0.002 9	2480	31	2557	18	2647	17
	14XT-3a-20	21.25	2.27	323	0.158 6	0.002 8	11.132 1	0.193 1	0.507 3	0.003 7	0.145	0.003	2440	30	2534	16	2645	16
	14XT-3a-21	20.04	2.07	301	0.159	0.002 8	11.457 4	0.217	0.520 1	0.004 8	0.149 6	0.003 6	2456	30	2561	18	2700	21
	14XT-3a-22	22.86	2.43	341	0.161 6	0.003 2	11.593 8	0.228	0.518	0.004	0.147 9	0.003 6	2473	33	2572	18	2691	17
14XT-4	14XT-4-1	40.1	13	646	0.159	0.003	9.602 9	0.179 7	0.434 9	0.003 1	0.119 9	0.002 2	2456	31	2397	17	2328	14
	14XT-4-2	23.94	5	303	0.189 7	0.003 2	14.544 3	0.249 2	0.551 7	0.003 6	0.156 7	0.002 8	2740	23	2786	16	2832	15
	14XT-4-3	22.98	8.15	331	0.163 1	0.002 6	10.500 9	0.165 6	0.464 7	0.003 9	0.131 4	0.002 1	2487	27	2480	15	2460	17
	14XT-4-4	24.7	12.6	356	0.165 6	0.002 6	9.988 1	0.164 6	0.434 1	0.003 5	0.125 1	0.002	2514	27	2434	15	2324	16
	14XT-4-5	10.83	3.53	143	0.171 3	0.003 3	12.136 2	0.234	0.510 4	0.004 3	0.146 2	0.002 9	2570	31	2615	18	2658	19
	14XT-4-6	22.33	6.15	312	0.161 1	0.003 1	11.020 2	0.207 2	0.492 5	0.003 6	0.140 6	0.002 6	2478	32	2525	18	2582	16
	14XT-4-7	23.66	5.45	341	0.162 5	0.003 1	11.097	0.208 4	0.491 2	0.003 6	0.135 3	0.002 6	2483	32	2531	17	2576	15
	14XT-4-8	19.23	6.51	251	0.166 3	0.002 9	11.625	0.201 6	0.502 3	0.003 6	0.142 8	0.002 5	2521	29	2575	16	2624	15
	14XT-4-9	21.05	5.56	333	0.166 1	0.002 6	10.372 6	0.177 7	0.448 5	0.003 8	0.122	0.002 5	2518	27	2469	16	2389	17
	14XT-4-10	13.25	4.41	173	0.170 2	0.002 8	12.071 5	0.205 8	0.510 1	0.004 1	0.141	0.002 4	2561	28	2610	16	2657	18
	14XT-4-11	3.87	0.71	49.1	0.191 6	0.004 5	14.656 1	0.317	0.555	0.005 9	0.152 2	0.004 3	2767	39	2793	21	2846	25
	14XT-4-12	16.56	4.6	236	0.169 4	0.003 3	11.386 9	0.215 2	0.483 4	0.003 8	0.130 1	0.002 6	2552	32	2555	18	2542	16
	14XT-4-13	33.12	7.76	449	0.176 8	0.003 1	12.625 4	0.224 4	0.513	0.003 8	0.143 7	0.002 7	2633	30	2652	17	2670	16

续表 3-4

样品号	点号	Pb/ $\times 10^{-6}$	Th/ $\times 10^{-6}$	U/ $\times 10^{-6}$	$^{207}Pb/^{206}Pb$	1s	$^{207}Pb/^{235}U$	1s	$^{206}Pb/^{238}U$	1s	$^{208}Pb/^{232}Th$	1s	$^{207}Pb/^{206}Pb$	1s	$^{207}Pb/^{235}U$	1s	$^{206}Pb/^{238}U$	1s
14XT-4	14XT-4-14	43.2	13.1	633	0.166 9	0.002 6	10.850 6	0.176 2	0.467 2	0.003 6	0.132 4	0.002 4	2528	26	2510	15	2471	16
	14XT-4-15	17.49	6.52	215	0.167 3	0.002 5	12.037 1	0.181 1	0.518 1	0.003 7	0.149 2	0.002 3	2531	31	2607	14	2691	16
	14XT-4-16	15.44	3.47	195	0.175 6	0.002 3	13.289 9	0.181 1	0.545 2	0.004	0.151 7	0.002 3	2613	21	2700	13	2805	17
	14XT-4-17	10.18	3.77	132	0.168 9	0.002 2	11.527 4	0.147 9	0.492 6	0.003 4	0.137 1	0.001 8	2547	22	2567	12	2582	15
	14XT-4-18	5.55	1.03	69	0.188 6	0.002 8	14.617 6	0.235 7	0.559 2	0.004 9	0.160 9	0.003 2	2731	24	2791	15	2863	20
	14XT-4-19	24.47	5.59	308	0.179 3	0.001 2	13.320 7	0.107 7	0.535 9	0.003 3	0.154 5	0.001 9	2647	11	2703	8	2766	14
	14XT-4-20	30.2	5.8	455	0.165 2	0.001 3	10.802 9	0.099 5	0.471 4	0.002 9	0.129 7	0.001 4	2510	13	2506	9	2490	13
	14XT-4-21	3.96	0.54	51.7	0.182 9	0.003 1	13.753 5	0.234	0.544 5	0.005 2	0.16	0.004 5	2679	27	2733	16	2802	22
	14XT-4-22	5.11	0.96	62.2	0.189 9	0.003 4	14.685 6	0.264 8	0.559 5	0.005 3	0.160 9	0.003 8	2743	24	2795	17	2864	22
	14XT-4-23	5.27	0.96	64.9	0.186 9	0.003 6	14.366 4	0.278 1	0.557	0.005 1	0.160 5	0.003 8	2717	32	2774	18	2854	21
14XT-7-3	14XT-7-3-1	10.69	2.62	160	0.162 4	0.003 4	10.360 7	0.222 4	0.460 3	0.004 9	0.126 8	0.002 9	2481	30	2468	20	2441	21
	14XT-7-3-2	9.52	3.22	125	0.158 6	0.003 1	10.814	0.21	0.492	0.004 2	0.135	0.002 6	2440	33	2507	18	2579	18
	14XT-7-3-3	9.98	2.58	129	0.158 6	0.003 2	11.436 7	0.234 1	0.520 1	0.004 9	0.149 6	0.003 1	2440	35	2559	19	2699	21
	14XT-7-3-4	7.84	1.69	121	0.153 3	0.002 8	9.663 4	0.188 3	0.454	0.004 4	0.141	0.003 4	2383	31	2403	18	2413	19
	14XT-7-3-5	3.3	1.08	43.9	0.155 2	0.003 8	10.459 9	0.244 9	0.489 1	0.005 1	0.140 3	0.003 8	2406	47	2476	22	2567	22
	14XT-7-3-6	14.5	3.39	207	0.159 7	0.003 2	10.724 9	0.218 4	0.483 6	0.004 2	0.133 2	0.002 8	2454	35	2500	19	2543	18
	14XT-7-3-7	3.98	1.22	49.8	0.163 6	0.004 5	11.624 3	0.305 7	0.515 3	0.007 1	0.150 1	0.004	2494	46	2575	25	2679	30
	14XT-7-3-8	22.55	5.69	346	0.162 4	0.002 9	10.308 6	0.219 9	0.456 4	0.006 5	0.129 3	0.003 1	2481	36	2463	20	2424	29
	14XT-7-3-9	8.12	1.85	111	0.162 1	0.003 5	11.103 2	0.226 4	0.494 5	0.004 7	0.136 6	0.003 5	2477	37	2532	19	2590	20
	14XT-7-3-10	7.8	2.3	103	0.159 5	0.003 1	10.979 9	0.242 2	0.495 4	0.006 8	0.133	0.003	2450	33	2521	21	2594	29
	14XT-7-3-11	39.39	8.91	652	0.160 7	0.002 8	9.407 4	0.172 3	0.420 3	0.003 9	0.121 7	0.002 3	2465	29	2379	17	2262	18

续表 3-4

样品号	点号	Pb/ $\times10^{-6}$	Th/ $\times10^{-6}$	U/ $\times10^{-6}$	$^{207}Pb/^{206}Pb$	1s	$^{207}Pb/^{235}U$	1s	$^{206}Pb/^{238}U$	1s	$^{208}Pb/^{232}Th$	1s	$^{207}Pb/^{206}Pb$	1s	$^{207}Pb/^{235}U$	1s	$^{206}Pb/^{238}U$	1s
14XT-7-3	14XT-7-3-12	17.27	5.12	231	0.165 3	0.003 2	11.129 6	0.213 8	0.483 4	0.003 7	0.138 8	0.002 7	2511	32	2534	18	2542	16
	14XT-7-3-13	21.69	3.83	294	0.165 7	0.003 2	11.702 6	0.224 8	0.506 7	0.003 9	0.143 3	0.002 9	2517	32	2581	18	2642	16
	14XT-7-3-14	15.86	4.22	218	0.168 4	0.003 1	11.297 7	0.206 2	0.482 2	0.003 8	0.130 3	0.002 4	2543	31	2548	17	2537	16
	14XT-7-3-15	4.74	1.24	67.7	0.165 2	0.003 6	10.627 6	0.232 6	0.464 6	0.004 9	0.142 6	0.003 8	2510	36	2491	20	2460	22
	14XT-7-3-16	6.31	2.82	84.5	0.166 1	0.003 6	10.468 7	0.235 1	0.454 4	0.005 1	0.125 4	0.002 3	2520	36	2477	21	2415	23
	14XT-7-3-17	15.53	5.64	190	0.174	0.003 1	12.401 1	0.229 8	0.512 7	0.004 5	0.133 5	0.002 5	2598	31	2635	17	2668	19
	14XT-7-3-18	7.55	2.17	98.3	0.166 2	0.003 7	11.701 2	0.259 6	0.507 8	0.004 5	0.132 3	0.002 7	2520	38	2581	21	2647	19
	14XT-7-3-19	22.03	6.13	323	0.167 3	0.003 3	10.534 7	0.206 4	0.453 7	0.003 9	0.125 7	0.002 6	2531	33	2483	18	2412	17
	14XT-7-3-20	11.13	2.6	157	0.164 9	0.003 1	11.003 6	0.206 8	0.48	0.003 3	0.124 9	0.002 3	2507	31	2523	17	2527	15
	14XT-7-3-21	17.47	4.76	257	0.164 3	0.003	10.523 6	0.210 4	0.460 4	0.004 9	0.139 6	0.004 5	2502	31	2482	19	2441	22
	14XT-7-3-22	23.74	7.56	327	0.169 7	0.002 8	11.078 2	0.175 5	0.469 4	0.003 1	0.123 7	0.001 9	2555	28	2530	15	2481	13
	14XT-7-3-23	16.99	3.22	240	0.165 2	0.002 7	11.292 2	0.181 9	0.492 1	0.003 9	0.140 8	0.002 6	2510	28	2548	15	2580	17
	14XT-7-3-24	2.25	0.79	28.6	0.164	0.004 8	11.191 2	0.311 5	0.498 3	0.007 3	0.144 1	0.003 9	2498	50	2539	26	2607	32
13XTA-39	13XTA-39-1	359.1	408	565	0.166	0.003 8	10.700 6	0.249 4	0.465 4	0.004 1	0.135 4	0.003	2518	44	2497	22	2463	18
	13XTA-39-2	1966	419	7154	0.133 9	0.002 8	4.248 6	0.089 7	0.229	0.001 7	0.187 2	0.004 7	2150	36	1683	17	1329	9
	13XTA-39-3	455.5	298	918	0.154 6	0.003 3	8.739	0.248 2	0.406 4	0.007 4	0.138 5	0.003 7	2398	36	2311	26	2198	34
	13XTA-39-4	347.5	335	754	0.158 3	0.003 6	7.479	0.215 3	0.339 9	0.005 9	0.131 8	0.003 2	2439	38	2170	26	1886	28
	13XTA-39-5	1 508.1	472	8557	0.119 7	0.002 6	2.482 9	0.059 8	0.149 7	0.001 6	0.071 4	0.002	1952	34	1267	17	900	9
	13XTA-39-6	559	462	860	0.168	0.003 9	11.339	0.270 9	0.488 5	0.004 1	0.151 8	0.003 5	2539	40	2551	22	2564	18
	13XTA-39-7	2909	511	12 471	0.141 2	0.003 4	3.786	0.094 6	0.193 8	0.001 6	0.221 1	0.005	2242	42	1590	20	1142	8
	13XTA-39-8	2724	434	8387	0.155 3	0.003 6	5.826 5	0.139 3	0.271 3	0.002 5	0.147	0.003 7	2405	39	1950	21	1548	13

续表 3－4

样品号	点号	Pb/ $\times10^{-6}$	Th/ $\times10^{-6}$	U/ $\times10^{-6}$	$^{207}Pb/^{206}Pb$	1s	$^{207}Pb/^{235}U$	1s	$^{206}Pb/^{238}U$	1s	$^{208}Pb/^{232}Th$	1s	$^{207}Pb/^{206}Pb$	1s	$^{207}Pb/^{235}U$	1s	$^{206}Pb/^{238}U$	1s
13XTA－39	13XTA－39－9	339.3	248	554	0.170 4	0.003 5	11.403 1	0.240 6	0.483 6	0.003 8	0.141 1	0.003 1	2561	34	2557	20	2543	16
	13XTA－39－10	447.3	155	685	0.174 1	0.004	12.855 7	0.303 7	0.534 6	0.006	0.168 4	0.005 1	2598	39	2669	22	2761	25
	13XTA－39－11	2694	301	6706	0.162 5	0.003 3	7.703 6	0.174 9	0.341 7	0.003 5	0.258 9	0.006 2	2483	34	2197	20	1895	17
	13XTA－39－12	2506	1096	8551	0.151 5	0.003 4	5.377 6	0.125	0.256 1	0.001 9	0.066 6	0.001 7	2363	238	1881	20	1470	10
	13XTA－39－13	1 012.1	158	3726	0.131 9	0.003 1	4.441 7	0.107 4	0.242 8	0.001 9	0.132 2	0.004 3	2124	41	1720	20	1401	10
	13XTA－39－14	556.3	417	1078	0.163 3	0.003 4	9.380 4	0.208 7	0.414	0.003 5	0.149 8	0.003 3	2500	36	2376	20	2233	16
	13XTA－39－15	906	552	1385	0.165	0.003 2	12.216 4	0.250 4	0.533 4	0.004 4	0.137 9	0.003 2	2509	32	2621	19	2756	19
	13XTA－39－16	3146	1316	8119	0.147 3	0.002 7	6.739 5	0.127 1	0.329 7	0.002 4	0.105 2	0.002	2317	32	2078	17	1837	12
	13XTA－39－17	364.8	282	613	0.160 2	0.003 6	10.136 3	0.231 9	0.456 7	0.004 8	0.153 7	0.003 8	2458	38	2447	21	2425	21
	13XTA－39－18	2364	385	6483	0.150 6	0.003 3	6.398 5	0.146 2	0.306 3	0.003 1	0.263 4	0.006 4	2354	38	2032	20	1722	15
	13XTA－39－19	408.7	566	1065	0.157 2	0.003 8	6.318 3	0.184	0.290 2	0.005 6	0.096 7	0.003 1	2426	41	2021	26	1642	28
	13XTA－39－20	791.6	269	4393	0.111 4	0.002 4	2.431 8	0.051 8	0.157 6	0.001 6	0.057	0.002 1	1833	39	1252	15	943	9
	13XTA－39－21	2469	454	7700	0.142 5	0.002 6	5.434 3	0.105 2	0.274 9	0.002 6	0.123 9	0.002 8	2257	32	1890	17	1566	13
	13XTA－39－22	1 669.5	366	7674	0.125 1	0.002 3	3.274 6	0.061 4	0.188 8	0.001 5	0.121 3	0.003	2031	32	1475	15	1115	8
	13XTA－39－23	376.1	294	760	0.153 8	0.003 2	8.372 1	0.176 7	0.392 8	0.003 7	0.128 9	0.003 1	2388	40	2272	19	2136	17
	13XTA－39－24	1 707.1	682	8802	0.128	0.002 8	3.035 8	0.068 4	0.171	0.001 8	0.054 3	0.001 7	2072	39	1417	17	1018	10
	13XTA－39－25	1 434.3	333	6920	0.126 6	0.002 8	3.202 1	0.071 2	0.182 2	0.001 5	0.099 7	0.003 8	2051	44	1458	17	1079	8
	13XTA－39－26	1696	248	7307	0.135 8	0.002 8	3.630 2	0.074 9	0.192 7	0.001 5	0.451 5	0.011 8	2176	36	1556	16	1136	8
	13XTA－39－27	411.8	344	742	0.152 5	0.003 1	9.113 2	0.183 6	0.430 8	0.003 6	0.152 8	0.003 6	2376	35	2349	18	2309	16
	13XTA－39－28	3846	468	8459	0.153 5	0.002 8	8.243 3	0.151 2	0.386 6	0.002 7	0.174 2	0.003 9	2387	31	2258	17	2107	12
	13XTA－39－29	321.2	241	744	0.148 5	0.003 1	6.922	0.170 6	0.335 1	0.004 3	0.157 7	0.004	2329	36	2101	22	1863	21
	13XTA－39－30	2 620.9	700	10 184	0.139 3	0.002 7	4.227 4	0.093 1	0.218 5	0.002 7	0.062 3	0.001 8	2218	33	1679	18	1274	14

续表 3-4

样品号	点号	Pb/ $\times10^{-6}$	Th/ $\times10^{-6}$	U/ $\times10^{-6}$	$^{207}Pb/^{206}Pb$	1s	$^{207}Pb/^{235}U$	1s	$^{206}Pb/^{238}U$	1s	$^{208}Pb/^{232}Th$	1s	$^{207}Pb/^{206}Pb$	1s	$^{207}Pb/^{235}U$	1s	$^{206}Pb/^{238}U$	1s
13XTA-31-1	13XTA-31-1-1	357.8	191	585	0.161 2	0.003 5	11.017 8	0.233 8	0.493 5	0.004	0.148 6	0.003 7	2468	37	2525	20	2586	17
	13XTA-31-1-2	544.1	558	1272	0.156 1	0.003 1	7.340 4	0.149 9	0.339 7	0.003 2	0.097 9	0.002 2	2413	34	2154	18	1885	15
	13XTA-31-1-3	625.3	176	2845	0.106 4	0.002 1	2.892	0.059 7	0.196 2	0.001 7	0.082 5	0.002 6	1739	37	1380	16	1155	9
	13XTA-31-1-4	720.9	565	2322	0.141 4	0.002 9	5.040 7	0.103 8	0.257 6	0.002 3	0.082 1	0.001 9	2256	35	1826	17	1478	12
	13XTA-31-1-5	634.6	180	2924	0.117 7	0.002 7	3.128 9	0.071 4	0.192 4	0.001 6	0.081 4	0.003 1	1921	41	1440	18	1134	9
	13XTA-31-1-6	610.4	240	3529	0.095	0.002 2	2.047 5	0.049 4	0.155 5	0.001 5	0.057 9	0.002	1529	44	1131	16	932	8
	13XTA-31-1-7	493.5	164	921	0.153 2	0.003 1	9.633 3	0.254 8	0.451 9	0.007 5	0.154 3	0.004 2	2383	35	2400	24	2404	33
	13XTA-31-1-8	720	582	1241	0.157 5	0.003	9.852 4	0.188	0.451 1	0.003 9	0.139 1	0.002 9	2429	32	2421	18	2400	17
	13XTA-31-1-9	701.2	183	2468	0.135 8	0.002 6	4.685 4	0.094 7	0.248 2	0.002 1	0.088 7	0.002 8	2176	34	1765	17	1429	11
	13XTA-31-1-10	605.9	358	1375	0.153 4	0.003 1	7.608	0.151 7	0.356 7	0.002 9	0.116 6	0.002 7	2384	34	2186	18	1967	14
	13XTA-31-1-11	347	167	604	0.157 2	0.003 6	10.332 9	0.232 5	0.472 2	0.003 9	0.126 7	0.003 4	2426	39	2465	21	2493	17
	13XTA-31-1-12	573	886	1436	0.150 6	0.003 6	6.260 9	0.163 4	0.298 3	0.004 1	0.083 9	0.002 4	2354	42	2013	23	1683	21
	13XTA-31-1-13	431.6	249	674	0.157	0.003 4	11.13 8	0.236 3	0.509 4	0.004 1	0.150 6	0.003 6	2433	36	2535	20	2654	17
	13XTA-31-1-14	232.5	92.6	410	0.16	0.003 6	10.549 2	0.241 6	0.473 6	0.004 8	0.119 8	0.004	2455	38	2484	21	2499	21
	13XTA-31-1-15	436	172	823	0.156 9	0.003 4	9.439 4	0.225	0.431 8	0.005 2	0.138 4	0.003 6	2422	37	2382	22	2314	23
	13XTA-31-1-16	513	489	967	0.162 4	0.003 9	9.38	0.233 2	0.414 7	0.004 2	0.124 5	0.003 2	2481	40	2376	23	2237	19
	13XTA-31-1-17	759	460	1598	0.174 6	0.004 7	8.922 3	0.241 5	0.367 7	0.003 6	0.144 5	0.003 9	2602	45	2330	25	2019	17
	13XTA-31-1-18	180.6	229	364	0.161 6	0.005 1	9.012 3	0.348 2	0.398 5	0.008 9	0.096 7	0.005 6	2473	52	2339	35	2162	41
	13XTA-31-1-19	481.1	150	786	0.168 4	0.004	11.847 2	0.283 3	0.506 4	0.004 3	0.143 6	0.003 8	2542	40	2592	22	2641	18
	13XTA-31-1-20	232.4	115	421	0.167 4	0.004 4	10.421 3	0.269 1	0.450 3	0.005 1	0.125 6	0.003 7	2532	44	2473	24	2396	23
	13XTA-31-1-21	555.5	488	1358	0.170 7	0.004	7.579	0.177 7	0.320 5	0.002 8	0.103 6	0.002 7	2565	39	2182	21	1792	14

续表 3-4

样品号	点号	Pb/×10^{-6}	Th/×10^{-6}	U/×10^{-6}	$^{207}Pb/^{206}Pb$	1s	$^{207}Pb/^{235}U$	1s	$^{206}Pb/^{238}U$	1s	$^{208}Pb/^{232}Th$	1s	$^{207}Pb/^{206}Pb$	1s	$^{207}Pb/^{235}U$	1s	$^{206}Pb/^{238}U$	1s
13XTA-31-1	13XTA-31-1-22	361	183	581	0.171 7	0.004 3	12.016 9	0.303 4	0.505	0.004 2	0.139 2	0.004 2	2576	43	2606	24	2635	18
	13XTA-31-1-23	534.5	278	860	0.170 1	0.004 6	11.962	0.331	0.507 3	0.004 8	0.141 2	0.004	2559	46	2601	26	2645	21
	13XTA-31-1-24	860	2447	2303	0.144 1	0.004 1	5.136 4	0.157 8	0.256 9	0.003 1	0.081 2	0.002 2	2277	49	1842	26	1474	16
	13XTA-31-1-25	520.6	351	1224	0.164 9	0.004 3	7.701 9	0.209 2	0.337 3	0.003 4	0.113 8	0.003 2	2506	44	2197	24	1874	16
	13XTA-31-1-26	637.3	301	1664	0.154 1	0.003 5	6.620 4	0.163 6	0.310 4	0.003 5	0.109 1	0.003 3	2392	39	2062	22	1743	17
	13XTA-31-1-27	538	467	859	0.162 6	0.003 6	10.782 1	0.241 8	0.479 5	0.004	0.132	0.003 4	2483	32	2505	21	2525	17
13XTA-31-2	13XTA-31-2-1	237	457	590	0.154 4	0.003	6.302 7	0.121 3	0.293 6	0.002 4	0.096 4	0.001 9	2395	33	2019	17	1659	12
	13XTA-31-2-2	489	1844	1022	0.15	0.002 7	6.273 2	0.114 2	0.301	0.002 6	0.086 5	0.001 6	2345	31	2015	16	1696	13
	13XTA-31-2-3	166	217	373	0.164 4	0.003 5	7.657 5	0.175 3	0.335 9	0.004 4	0.124 3	0.003 1	2502	37	2192	21	1867	21
	13XTA-31-2-4	77.2	73	121	0.166 1	0.004 1	11.322 1	0.279 8	0.491	0.005 2	0.147 8	0.004 2	2520	42	2550	23	2575	23
	13XTA-31-2-5	270	772	731	0.147	0.003 6	5.539 4	0.159 2	0.270 6	0.004	0.061	0.001 7	2311	43	1907	25	1544	20
	13XTA-31-2-6	214	717	638	0.140 1	0.003 4	4.619 8	0.123	0.237 1	0.002 7	0.069 9	0.001 8	2229	43	1753	22	1372	14
	13XTA-31-2-7	140.1	82	232	0.165 3	0.003 4	11.234 5	0.242	0.489 6	0.004 2	0.138	0.003 2	2511	35	2543	20	2569	18
	13XTA-31-2-8	224	512	687	0.137	0.002 8	4.550 7	0.096 1	0.239 7	0.002 1	0.080 7	0.001 7	2191	35	1740	18	1385	11
	13XTA-31-2-9	251.1	69	725	0.149 4	0.002 9	6.102 8	0.122	0.294 5	0.002 4	0.104 5	0.003	2339	33	1991	17	1664	12
	13XTA-31-2-10	222	600	620	0.139 3	0.002 9	4.893 5	0.111 2	0.253 6	0.003	0.075 8	0.001 8	2220	36	1801	19	1457	16
	13XTA-31-2-11	202	645	718	0.131 2	0.003	3.614 9	0.091	0.198 8	0.002 4	0.068 3	0.001 7	2114	40	1553	20	1169	13
	13XTA-31-2-12	115.4	74	214	0.157 7	0.003 8	9.485 7	0.227 6	0.434	0.003 7	0.128 3	0.003 7	2431	41	2386	22	2324	17
	13XTA-31-2-13	251	542	768	0.138 7	0.002 7	4.656 5	0.093 3	0.241 9	0.001 9	0.081 8	0.001 7	2211	34	1759	17	1396	10
	13XTA-31-2-14	154	144	232	0.167 2	0.003 2	11.570 8	0.232 4	0.498 1	0.004 2	0.160 2	0.003 3	2529	32	2570	19	2605	18
	13XTA-31-2-15	165	145	251	0.170 1	0.003 2	12.043	0.237	0.509 2	0.004 6	0.152	0.003 1	2559	31	2608	18	2653	20

续表 3 - 4

样品号	点号	Pb/ ×10^{-6}	Th/ ×10^{-6}	U/ ×10^{-6}	$^{207}Pb/^{206}Pb$	1s	$^{207}Pb/^{235}U$	1s	$^{206}Pb/^{238}U$	1s	$^{208}Pb/^{232}Th$	1s	$^{207}Pb/^{206}Pb$	1s	$^{207}Pb/^{235}U$	1s	$^{206}Pb/^{238}U$	1s
13XTA - 31 - 2	13XTA - 31 - 2 - 16	344	67	771	0.162 9	0.003 2	8.237 6	0.173	0.363 3	0.003 7	0.344 9	0.008 4	2487	34	2257	19	1998	17
	13XTA - 31 - 2 - 17	244	466	694	0.146 9	0.003 4	5.401 2	0.122 9	0.264	0.002 3	0.087	0.001 9	2310	39	1885	20	1510	12
	13XTA - 31 - 2 - 18	98.5	63	154	0.167 9	0.003 9	12.012 6	0.290 7	0.513 8	0.005 4	0.150 2	0.003 9	2536	39	2605	23	2673	23
	13XTA - 31 - 2 - 19	64.9	48	121	0.164 4	0.003 7	9.958	0.232 3	0.435 4	0.004 3	0.123 2	0.003	2502	37	2431	22	2330	19
	13XTA - 31 - 2 - 20	347	1487	1582	0.116 6	0.002 3	2.575 6	0.053 4	0.159 1	0.001 5	0.051 9	0.001	1906	35	1294	15	952	8
	13XTA - 31 - 2 - 21	485	111	897	0.164	0.002 9	9.604 8	0.208 4	0.421 5	0.005 1	0.601 8	0.013 3	2498	25	2398	20	2267	23
	13XTA - 31 - 2 - 22	119.5	76	423	0.142 2	0.003	5.030 3	0.193 5	0.251 8	0.007 1	0.090 9	0.003 1	2254	41	1824	33	1448	37
	13XTA - 31 - 2 - 23	153.5	64	278	0.164 5	0.003 4	10.595 2	0.231 8	0.465 5	0.003 8	0.134 5	0.003 4	2503	31	2488	20	2464	17
	13XTA - 31 - 2 - 24	274	486	527	0.149 5	0.003 2	7.716 4	0.184 5	0.373 3	0.004 5	0.12	0.002 8	2340	36	2199	21	2045	21
	13XTA - 31 - 2 - 25	107.7	74	237	0.157 7	0.003 3	8.179 5	0.189 5	0.375 5	0.004 9	0.102 5	0.002 9	2432	41	2251	21	2055	23
	13XTA - 31 - 2 - 26	152	159	219	0.169 9	0.003 4	12.398 5	0.265 3	0.527 4	0.005 8	0.153 7	0.003 3	2557	33	2635	20	2730	24
	13XTA - 31 - 2 - 27	246	372	577	0.157	0.002 8	7.147 3	0.142	0.328 6	0.003 3	0.099 9	0.002	2433	29	2130	18	1831	16
	13XTA - 31 - 2 - 28	146.1	79	448	0.145 5	0.002 8	6.004 6	0.195 5	0.294 9	0.006 5	0.084 2	0.003	2294	32	1977	28	1666	33
	13XTA - 31 - 2 - 29	144.4	85	243	0.165 4	0.003	11.238 5	0.204 9	0.490 1	0.003 4	0.146 4	0.002 9	2522	31	2543	17	2571	15
2016XT - 3 - 4	2016XT - 3 - 4 - 01	98.8	56.6	160	11.643 2	0.277	0.171 4	0.004	0.493 3	0.005 2			2572	40	2576	22	2585	22
	2016XT - 3 - 4 - 02	97.8	65.9	152	11.539 5	0.249 5	0.165 5	0.003 5	0.506 1	0.005 8			2513	37	2568	20	2640	25
	2016XT - 3 - 4 - 03	275	430	432	9.549 1	0.172 7	0.157 7	0.002 7	0.436 8	0.003 7			2432	29	2392	17	2336	16
	2016XT - 3 - 4 - 04	91.1	101	132	11.227 1	0.250 3	0.162 6	0.003 8	0.500 2	0.004 7			2482	39	2542	21	2614	20
	2016XT - 3 - 4 - 05	235.7	396	369	9.688 9	0.205 5	0.159 3	0.003 2	0.438	0.004 4			2448	35	2406	20	2342	20
	2016XT - 3 - 4 - 06	283	651	378	10.023 6	0.210 1	0.154 5	0.003 1	0.466 5	0.004 7			2398	35	2437	19	2468	20
	2016XT - 3 - 4 - 07	315.3	287	498	10.337 3	0.186	0.155 1	0.002 8	0.480 4	0.004 1			2403	32	2465	17	2529	18

续表 3-4

样品号	点号	Pb/ ×10^{-6}	Th/ ×10^{-6}	U/ ×10^{-6}	$^{207}Pb/^{206}Pb$	1s	$^{207}Pb/^{235}U$	1s	$^{206}Pb/^{238}U$	1s	$^{208}Pb/^{232}Th$	1s	$^{207}Pb/^{206}Pb$	1s	$^{207}Pb/^{235}U$	1s	$^{206}Pb/^{238}U$	1s
2016XT-3-4	2016XT-3-4-08	161.7	219	234	10.648 8	0.204 8	0.157 7	0.002 9	0.486 7	0.004 9			2432	31	2493	18	2557	21
	2016XT-3-4-09	175.7	326	237	10.256 3	0.203 6	0.155 1	0.003	0.476 9	0.004 5			2403	33	2458	18	2514	19
	2016XT-3-4-10	350	570	517	9.908 4	0.200 8	0.153 4	0.003	0.465 4	0.004 5			2385	33	2426	19	2463	20
	2016XT-3-4-11	304	421	474	10.098 4	0.196 9	0.158 2	0.002 8	0.460 3	0.004 8			2436	30	2444	18	2441	21
	2016XT-3-4-12	259	468	359	10.329 5	0.185 1	0.157 8	0.002 7	0.472 4	0.004 1			2433	29	2465	17	2494	18
	2016XT-3-4-13	417.5	226	429	26.622 2	0.525 9	0.278 4	0.005 2	0.689 8	0.006 5			3354	29	3370	19	3382	25
	2016XT-3-4-14	103.6	79.2	154	11.925 3	0.274 3	0.170 4	0.003 8	0.506 3	0.005 8			2561	37	2599	22	2641	25
	2016XT-3-4-15	139.4	142	220	10.594 6	0.199 7	0.161 1	0.003	0.476 4	0.004 9			2478	31	2488	17	2512	22
	2016XT-3-4-16	150.5	277	206	10.761 9	0.199 2	0.162 5	0.003	0.479 8	0.004 6			2481	36	2503	17	2527	20
	2016XT-3-4-17	228.9	364	345	10.203 8	0.192 6	0.162	0.002 9	0.455 2	0.004			2477	31	2453	17	2418	18
	2016XT-3-4-28	368	382	566	11.013 9	0.216 4	0.163 7	0.003 1	0.485 8	0.004 4			2494	31	2524	18	2553	19
	2016XT-3-4-19	154.7	219	219	11.266 1	0.242 5	0.163	0.003 4	0.500 1	0.005 4			2487	35	2545	20	2614	23
	2016XT-3-4-20	97	82.9	152	11.415 8	0.236 8	0.168 9	0.003 4	0.489 2	0.005 2			2547	34	2558	19	2567	23
	2016XT-3-4-21	262.6	405	403	10.085 8	0.182 1	0.158 9	0.002 9	0.458 2	0.003 5			2444	31	2443	17	2432	15
	2016XT-3-4-22	386	428	619	10.661 3	0.192 6	0.163 3	0.002 9	0.470 9	0.003 7			2500	30	2494	17	2488	16
	2016XT-3-4-23	83.2	135	119	11.258 7	0.279 3	0.171 1	0.004 3	0.476 8	0.005 1			2568	42	2545	23	2513	22
	2016XT-3-4-24	86.2	38.9	143	11.528 6	0.273 6	0.165 8	0.003 9	0.502 9	0.005 6			2516	40	2567	22	2626	24
	2016XT-3-4-25	243.7	317	400	9.743 7	0.179 4	0.158 5	0.003	0.443 9	0.003 4			2440	32	2411	17	2368	15
	2016XT-3-4-26	191	370	285	10.059 1	0.197	0.161 4	0.003 1	0.449 8	0.004			2472	32	2440	18	2394	18
	2016XT-3-4-27	237.8	350	328	11.311 8	0.223	0.162 3	0.003 1	0.502 9	0.005			2480	37	2549	18	2626	21
	2016XT-3-4-28	446	555	684	10.953 7	0.222 9	0.164 7	0.003 2	0.479 7	0.004 8			2506	32	2519	19	2526	21

续表 3-4

样品号	点号	Pb/ ×10⁻⁶	Th/ ×10⁻⁶	U/ ×10⁻⁶	$^{207}Pb/^{206}Pb$	1s	$^{207}Pb/^{235}U$	1s	$^{206}Pb/^{238}U$	1s	$^{208}Pb/^{232}Th$	1s	$^{207}Pb/^{206}Pb$	1s	$^{207}Pb/^{235}U$	1s	$^{206}Pb/^{238}U$	1s
2016XT-4	2016XT-4-01	129.2	101	220	0.157 9	0.003 4	10.234 6	0.225 6	0.467 6	0.004 4			2435	36	2456	20	2473	19
	2016XT-4-02	111.6	76.8	192	0.159 5	0.003 6	10.300 9	0.224 9	0.466 7	0.004 2			2450	37	2462	20	2469	18
	2016XT-4-03	148.3	129	251	0.161 1	0.003	10.312 8	0.198 6	0.461 3	0.004			2478	32	2463	18	2445	18
	2016XT-4-04	99.3	73.8	173	0.162 8	0.003 7	10.339 5	0.244 8	0.457	0.004 5			2487	39	2466	22	2426	20
	2016XT-4-05	127.9	97.2	217	0.164 2	0.003 8	10.549 5	0.236 4	0.463 2	0.004 7			2499	39	2484	21	2454	21
	2016XT-4-06	102.1	160	170	0.163 6	0.003 8	9.370 9	0.235	0.413 1	0.006 1			2494	39	2375	23	2229	28
	2016XT-4-07	181.6	139	312	0.164 6	0.004 3	10.402 4	0.254 4	0.455 6	0.003 7			2506	44	2471	23	2420	16
	2016XT-4-08	131.7	117	216	0.165 6	0.003 1	10.766 9	0.209 5	0.468 6	0.004 7			2514	33	2503	18	2477	21
	2016XT-4-09	215.3	166	367	0.159 1	0.002 9	10.241 5	0.189 6	0.464 1	0.004 5			2446	30	2457	17	2458	20
	2016XT-4-10	95.5	68.3	161	0.163	0.003 7	10.478 6	0.238	0.464 6	0.005 1			2487	38	2478	21	2460	23
	2016XT-4-11	93.6	61.5	154	0.169 5	0.003 7	11.251 6	0.267 9	0.477 4	0.005 5			2553	37	2544	22	2516	24
	2016XT-4-12	128.6	109	216	0.166	0.003 5	10.465 9	0.223 8	0.455 2	0.004 6			2518	36	2477	20	2418	20
	2016XT-4-13	179.7	127	306	0.164 7	0.003 1	10.481 3	0.193 8	0.457 8	0.003 3			2505	32	2478	17	2430	15
	2016XT-4-14	75.7	53.6	126	0.166 1	0.003 9	10.787 9	0.252	0.467 8	0.005			2520	40	2505	22	2474	22
	2016XT-4-15	126.7	105	207	0.164 3	0.003 7	10.634 7	0.231 6	0.465 1	0.004 4			2502	38	2492	20	2462	20
	2016XT-4-16	105.1	74.4	181	0.164 7	0.003 9	10.361 1	0.243 9	0.452 2	0.004 4			2506	40	2468	22	2405	20
	2016XT-4-17	104.6	63	179	0.164 4	0.003 8	10.569 6	0.228 7	0.463 6	0.004 2			2502	39	2486	20	2455	19
	2016XT-4-18	73.9	76.4	121	0.161 7	0.003 9	10.403 3	0.247 9	0.465 1	0.005 1			2473	41	2471	22	2462	23
	2016XT-4-19	150.8	117	255	0.160 6	0.003	10.296 3	0.19	0.462	0.003 9			2462	31	2462	17	2448	17
	2016XT-4-20	133.4	102	221	0.162	0.003 4	10.530 7	0.214 8	0.468 9	0.004 1			2476	40	2483	19	2479	18
	2016XT-4-21	127.8	96	221	0.158 4	0.003 2	10.113 3	0.207 3	0.459 9	0.004 1			2439	33	2445	19	2439	18

续表 3-4

样品号	点号	Pb/ $\times10^{-6}$	Th/ $\times10^{-6}$	U/ $\times10^{-6}$	$^{207}Pb/^{206}Pb$	1s	$^{207}Pb/^{235}U$	1s	$^{206}Pb/^{238}U$	1s	$^{208}Pb/^{232}Th$	1s	$^{207}Pb/^{206}Pb$	1s	$^{207}Pb/^{235}U$	1s	$^{206}Pb/^{238}U$	1s
2016XT-4	2016XT-4-22	100.2	72.3	175	0.159 8	0.003 2	10.007 6	0.198 3	0.451 5	0.003 6			2454	34	2435	18	2402	16
	2016XT-4-23	153.8	127	273	0.161 3	0.003	9.796 6	0.181	0.437 7	0.003 5			2469	31	2416	17	2340	16
	2016XT-4-24	49.8	62	76.5	0.167 6	0.004 5	10.827 8	0.270 8	0.469 7	0.005 5			2600	45	2508	23	2482	24
	2016XT-4-25	157.5	134	266	0.164 3	0.003 5	10.475 3	0.224 1	0.459 1	0.004 4			2502	35	2478	20	2436	19
	2016XT-4-26	132.4	103	230	0.168 1	0.003 8	10.443 7	0.231 1	0.448 1	0.004 5			2539	37	2475	21	2387	20
	2016XT-4-27	174.9	165	289	0.163 3	0.003 2	10.498 4	0.201 5	0.464 2	0.004 5			2490	33	2480	18	2458	20
	2016XT-4-28	77.5	73.4	115	0.215	0.004 7	13.229 5	0.281 9	0.444	0.004 4			2944	40	2696	20	2369	20
	2016XT-4-29	123.1	117	200	0.168 8	0.003 4	11.137 1	0.238 4	0.474 6	0.005			2545	29	2535	20	2504	22
	2016XT-4-30	139.7	99.1	240	0.169 3	0.003 6	10.896 9	0.244 6	0.463	0.004 8			2551	36	2514	21	2453	21

二、混杂岩内部岩块年代学

在对关键露头的大比例尺详细填图基础上，对混杂岩内部3种不同类型的岩石团块进行了锆石U-Pb年代学测定，进一步约束赞皇混杂岩的形成时代。3个样品号为14XT-3a、14XT-4和14XT-7-3，岩性分别为正长花岗岩、云母石英片岩和绿帘岩。正长花岗岩主要矿物组合为石英(60%～65%)、斜长石(30%～35%)、黑云母(5%～10%)和少量绿帘石及副矿物(图3-21A)。云母石英片岩主要矿物组合为石英(60%～65%)、黑云母(25%～30%)和斜长石(10%～15%)(图3-21B)。绿帘岩主要矿物组合为石英(45%～50%)和绿帘石(50%～55%)(图3-21C)。

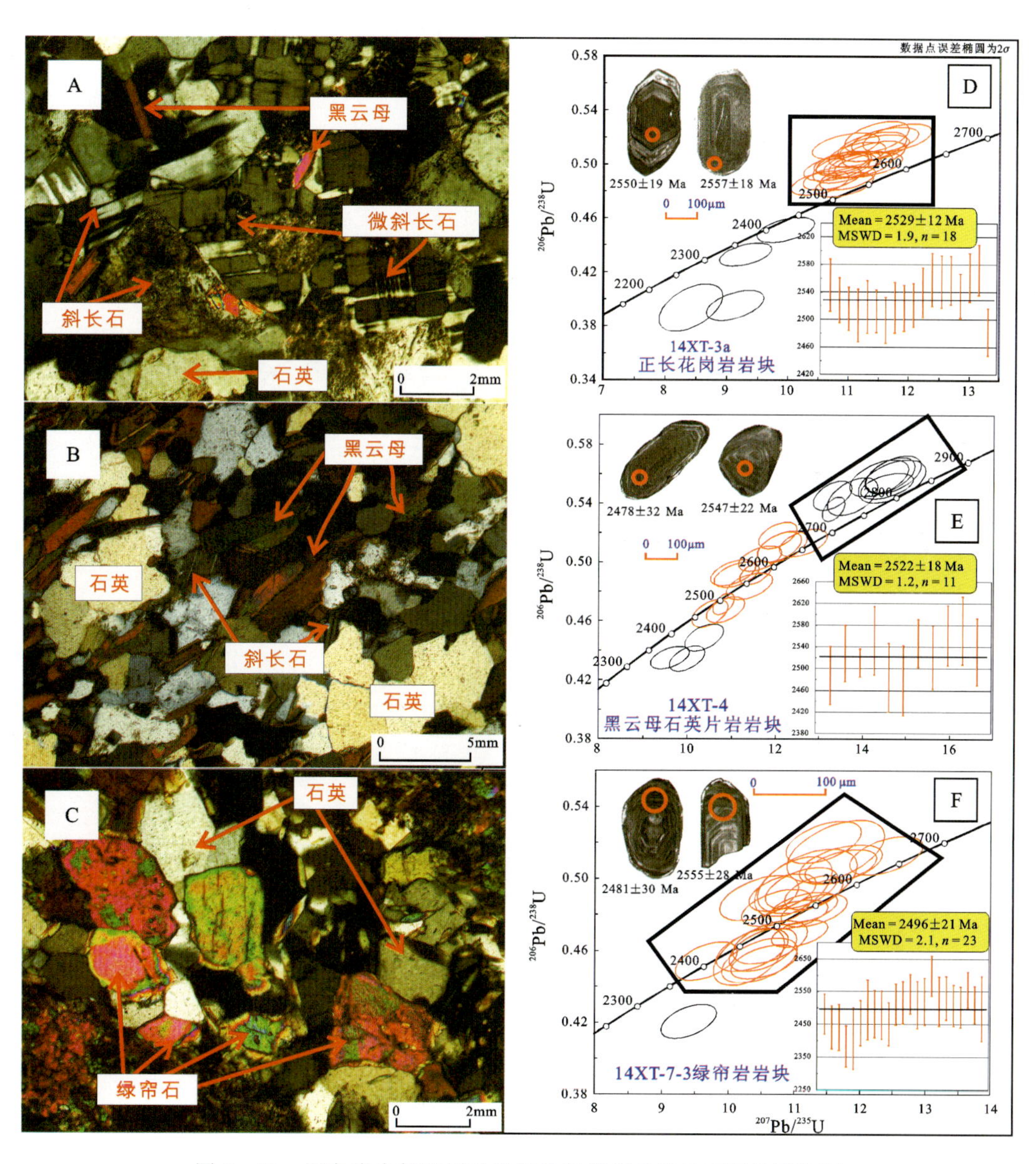

图3-21 混杂岩内部不同种类岩块显微照片和锆石年龄谐和图

3个样品锆石Cl图像均显示较好的环带特征(图3-21D、E、F),未显示残留锆石核,表明锆石具有岩浆成因。3个样品锆石的Th含量低($0.54\times10^{-6}\sim13\times10^{-6}$),U含量相对较高(表3-4),均指示锆石具有岩浆成因性质。锆石测年结果见表3-4,锆石稀土含量见表3-3。样品14X7-3a锆石Th和U含量分别为$1.88\times10^{-6}\sim4.77\times10^{-6}$和$297\times10^{-6}\sim782\times10^{-6}$,Th/U比值(0.002 5~0.016 1)较低。稀土配分曲线显示轻稀土元素亏损,重稀土元素富集,Eu正异常(图3-22A)。对该样品测试了22个点,其中18个点落在谐和线上,18个点的锆

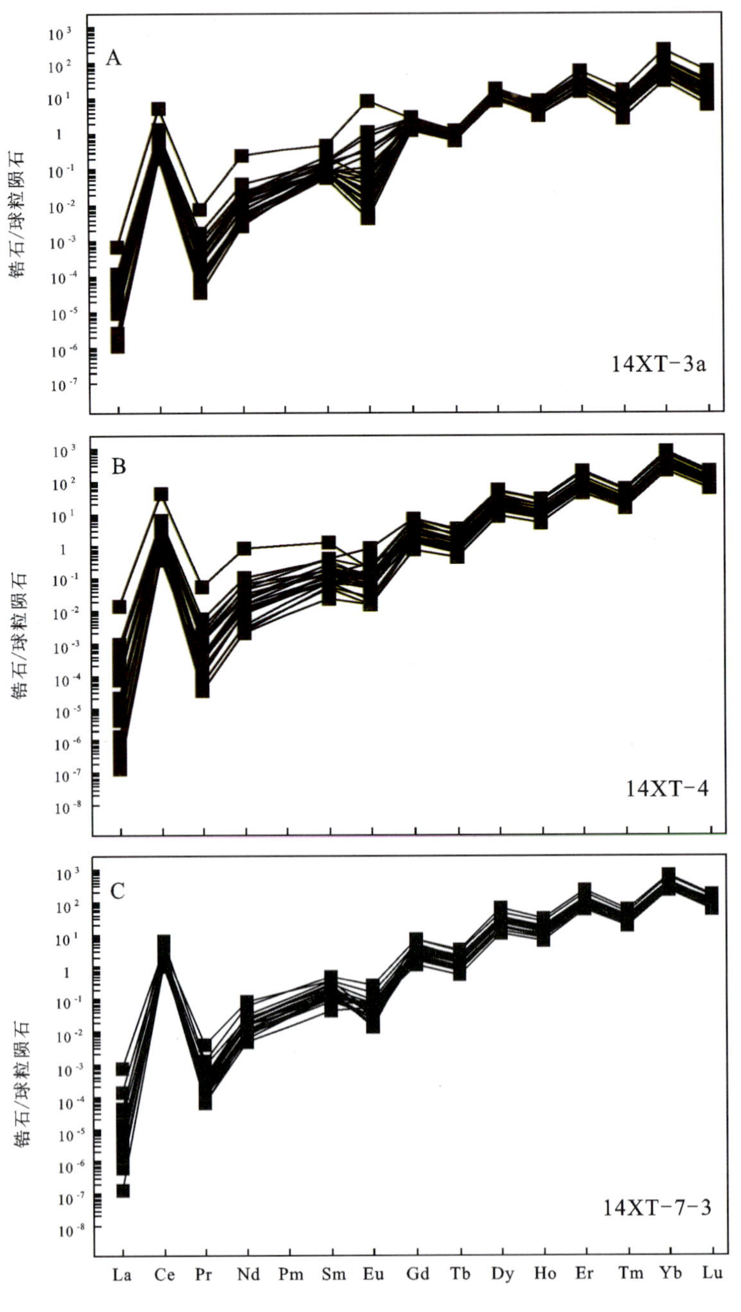

图3-22　混杂岩内不同类型岩块球粒陨石标准化的锆石稀土元素配分曲线图

石$^{207}Pb/^{206}Pb$平均年龄为 2529±12Ma(图 3-21D;MSWD=1.9),其他数据由于 Pb 丢失,未计入平均年龄。样品 14XT-4 锆石 Th 和 U 含量分别为 $0.54\times10^{-6}\sim13.1\times10^{-6}$和 $49.1\times10^{-6}\sim646\times10^{-6}$,Th/U 比值(0.010 5~0.035 5)较低。稀土配分曲线显示轻稀土元素亏损,重稀土元素相对富集,Eu 负异常(图 3-22B)。该样品原岩为沉积岩,所以锆石为碎屑锆石。测试 23 个点的数据显示原岩的年龄可能为 2.5Ga 和 2.7Ga,主要为 2.5Ga(图 3-21E)。样品 14X7-7-3 锆石 Th 和 U 含量分别为 $0.79\times10^{-6}\sim8.91\times10^{-6}$和$28.6\times10^{-6}\sim652\times10^{-6}$,Th/U 比值(0.0130~0.0334)较低。锆石稀土配分曲线显示轻稀土元素亏损,重稀土元素相对平坦,Eu 负异常(图 3-22C)。该样品测试 23 个点的锆石$^{207}Pb/^{206}Pb$ 平均年龄为 2496±21Ma(图 3-21F;MSWD=2.1),1 个点由于 Pb 丢失,投点在谐和线外,未计入平均年龄。

三、小结

王家庄花岗岩 3 个样品的形成年龄分别为 2506±10Ma、2513±13Ma 和 2517±20Ma。未变形伟晶岩脉形成年龄为 2539±44Ma。两者形成年龄均约为 2.5Ga,限定了赞皇混杂岩的形成时代应不晚于 2.5Ga。同时,所有测试的花岗岩和伟晶岩的最年轻年龄为 2493±21Ma,这为混杂岩形成时代提供了最小年龄。

赞皇混杂岩内部含云母正长花岗岩岩块和基性岩块(核部为绿帘岩)锆石$^{207}Pb/^{206}Pb$ 测年分别为 2529±12Ma 和 2496±21Ma,这些年龄代表了混杂岩内部团块的原岩年龄。云母石英片岩岩块碎屑锆石给出的约 2.5Ga 和 2.75Ga 的年龄代表了原岩的碎屑来源。在研究区报道过约 2.5Ga 花岗质岩石和 2.7GaTTG 片麻岩层。这些相似年龄的岩石可能提供了云母石英片岩的来源。混杂岩内的不同岩石类型的岩块可能是在混杂岩形成过程中,在俯冲或仰冲过程中被刮擦下来,后期被叠瓦到被动大陆边缘之上。混杂岩内部岩块测得的最年轻的年龄为 2496±21Ma,这为混杂岩的形成提供了最大年龄。综上所述,赞皇混杂岩的形成和变形时代为新太古代(约 2.5Ga)。

第四章　华北克拉通岩浆作用(约 2.5Ga)研究

第一节　赞皇地块王家庄花岗质岩石(约 2.5Ga)地球化学研究

一、野外样品采集和岩相学特征

从王家庄花岗岩边部到核部，进行了系统采样，共采集了 7 件未遭受蚀变的样品(13XT17 - 1、13XT19 - 1、13XT22 - 1、13XTA - 20、13XTA - 21、13XTA - 22、13XTA - 23)。在研究区西南路家庄村附近，对明显切穿混杂岩组构的伟晶岩脉进行了采样，采集 1 件样品(76 - 5c)。笔者对花岗岩和伟晶岩进行了镜下岩相学分析，对采集的 7 件花岗岩样品全部进行了全岩主、微量元素的分析，重点对用于锆石 U - Pb 测年的 3 件样品(13XT17 - 1、13XT19 - 1、13XT22 - 1)进行了全岩 Sm - Nd 同位素分析。主、微量元素分析结果见表 4 - 1，Sm - Nd 同位素分析结果见表 4 - 2。

表 4 - 1　王家庄花岗岩全岩主、微量元素数据

化学元素 \ 样品号	13XT17 - 1	13XT19 - 1	13XT22 - 1	13XTA - 20	13XTA - 21	13XTA - 22	13XTA - 23
SiO_2	74.6	74.2	73.9	72.9	72.6	72.8	73.3
TiO_2	0.21	0.25	0.23	0.25	0.23	0.2	0.26
Al_2O_3	13.6	13.2	13.5	13.2	13.6	13.3	13.2
$Fe_2O_3{}^T$	1.84	2.25	2.28	2.33	2.38	2.02	2.6
MnO	0.03	0.04	0.03	0.03	0.04	0.03	0.05
MgO	0.39	0.37	0.29	0.5	0.29	0.29	0.41
CaO	1.12	1.07	1.16	0.53	1.04	1	1.15
Na_2O	3.5	3.08	3.3	2.86	3.05	3.15	2.97
K_2O	5.29	5.83	5.6	6.03	5.87	5.57	5.37
P_2O_5	0.06	0.06	0.05	0.06	0.05	0.04	0.06
LOI	0.41	0.59	0.45	0.71	0.68	0.76	0.9
Total	101.1	100.9	100.8	99.4	99.8	99.2	100.3

续表4-1

化学元素 \ 样品号	13XT17-1	13XT19-1	13XT22-1	13XTA-20	13XTA-21	13XTA-22	13XTA-23
$Mg^{\#}$	33	28	23	33	22	25	27
Na_2O+K_2O	8.79	8.91	8.9	8.89	8.92	8.71	8.34
$MgO+K_2O$	5.68	6.2	5.89	6.53	6.16	5.86	5.78
A/NK	1.18	1.16	1.17	1.18	1.2	1.19	1.23
A/CNK	1.08	1.07	1.07	1.13	1.1	1.1	1.12
La	60.1	90.5	105	87.7	109	95.2	133
Ce	121	188	217	190	213	211	271
Pr	13.1	20.5	23.8	20.5	24.4	21.4	29.8
Nd	45.6	72.3	83	70.7	85.6	75.8	102.4
Sm	8.78	13.1	14.3	11.6	14.8	13	17.4
Eu	0.71	1.02	1.13	0.98	1.26	1.05	1.25
Gd	8.13	10.8	11.4	7.13	10.9	9.19	12.2
Tb	1.43	1.59	1.62	1.04	1.65	1.34	1.76
Dy	9.3	8.87	8.75	5.32	8.67	7.14	8.95
Ho	1.88	1.63	1.65	1.03	1.58	1.27	1.54
Er	5.54	4.63	4.57	2.82	4.54	3.51	3.79
Tm	0.83	0.62	0.65	0.46	0.66	0.5	0.51
Yb	5.09	4.03	3.99	2.8	4.14	3.13	3.04
Lu	0.6	0.56	0.56	0.5	0.66	0.53	0.47
$\sum REE$	282.09	418.15	477.42	402.58	480.86	444.06	587.11
Eu/Eu^*	0.25	0.25	0.26	0.31	0.29	0.28	0.25
$(La/Yb)_N$	8.47	16.11	18.88	22.47	18.89	21.82	31.38
$(La/Sm)_N$	4.42	4.46	4.74	4.88	4.75	4.73	4.93
$(Gd/Yb)_N$	1.32	2.22	2.36	2.11	2.18	2.43	3.32
Ce/Ce^*	1.06	1.07	1.06	1.1	1.01	1.14	1.01
Li	45.7	40.3	43.2	46	41.6	40.3	34.3
Be	3.37	3.16	2.98	3.21	3.08	3.41	2.34
Sc	3.07	4.02	3.9	1.73	3.9	3.6	6.08
V	8.67	9.8	5.97	6.06	6.35	6.75	7.14
Cr	3.75	2.4	2.32	1.68	1.64	1.36	1.67
Co	88.1	75.7	82.1	88.9	99.9	138	130
Ni	2.84	2.36	2.77	2.37	2.06	2.4	2.69
Cu	2.22	0.92	3.31	2.1	4.44	2.1	1.65

续表 4-1

化学元素 \ 样品号	13XT17-1	13XT19-1	13XT22-1	13XTA-20	13XTA-21	13XTA-22	13XTA-23
Zn	42.5	57.8	57.7	47.4	59.8	54.7	60.7
Ga	19.3	19.8	21	20.6	22	20.8	20.1
Rb	294	282	263	292	269	291	232
Sr	109	105	116	91.1	116	105	129
Y	56.8	47.9	48.6	30.9	47.6	35.5	40.8
Zr	206	272	267	306	302	274	355
Nb	20.9	24.7	22	19.8	24.3	17.4	15.5
Sn	4.5	4.07	3.52	4.06	3.77	3.02	2.23
Cs	3.97	4.43	8.55	5.71	4.2	4.9	4.56
Ba	453	533	543	562	555	577	618
Hf	6.56	8.29	8.13	8.8	9.23	8.34	10.6
Ta	2.56	2.12	1.98	1.57	3.15	1.19	1.08
Tl	1.4	1.36	1.24	1.33	1.27	1.35	1.06
Pb	29.1	28.7	28.6	23	28.6	30	20.7
Th	23.2	29.3	27.1	30.4	28.7	27.8	30.8
U	3.72	3.36	4.29	2.08	2.2	2.53	2.71
Rb/Sr	2.7	2.69	2.27	3.21	2.32	2.77	1.8
Ga/Al	2.69	2.82	2.94	2.94	3.05	2.95	2.88
Y/Yb	11.16	11.89	12.18	11.04	11.5	11.34	13.42
TZr/℃	806	830	828	852	843	834	861

注：主量元素以 *wt.* %计，微量元素以 $\times 10^{-6}$ 计，LOI 为烧失量。ALK＝K_2O+Na_2O；A/CNK＝molar[$Al_2O_3/(CaO+Na_2O+K_2O)$；A/NK＝molar[$Al_2O_3/(Na_2O+K_2O)$]。“T”表示全铁含量，“#”表示镁指数，“*”表示 Eu 异常。

表 4-2 王家庄花岗岩全岩 Sm-Nd 同位素地球化学数据

样品号 \ 同位素	Sm/$\times 10^{-6}$	Nd/$\times 10^{-6}$	Sm/Nd	$^{147}Sm/^{144}Nd$	$^{143}Nd/^{144}Nd$	Nd(2σ)	Age/Ma	$\varepsilon_{Nd}(t)$	$f_{Sm/Nd}$	T_{DM}/Ma	T_{DM2}/Ma
13XT17-1	8.78	45.6	0.19	0.116	0.511 311	0.000 01	2517	0.12	−0.41	2863	2869
13XT19-1	13.1	72.3	0.18	0.110	0.511 236	0.000 005	2 506.4	0.76	−0.44	2784	2809
13XT22-1	14.3	83.0	0.17	0.104	0.511 162	0.000 005	2513	1.13	−0.47	2750	2784

注：Sm/Nd 和 $^{147}Sm/^{144}Nd$ 通过 Sm 和 Nd 的含量计算得来，$\varepsilon_{Nd}(t)$ 值由 $(^{147}Sm/^{144}Nd)_{CHUR}=0.196\ 7$ 和 $(^{143}Nd/^{144}Nd)_{CHUR}=0.512\ 638$ 计算得来，T_{DM} 值由 $(^{147}Sm/^{144}Nd)_{DM}=0.213\ 7$ 和 $(^{143}Nd/^{144}Nd)_{DM}=0.513\ 15$ 计算得来，T_{DM2} 假定计算条件见 Keto 和 Jacobsen(1987)。

1. 王家庄花岗岩

王家庄花岗岩表面呈浅红色,具有片麻状和块状构造。在花岗岩边部采集样品可观察到黑云母矿物定向(图 4-1A)。主要矿物组合为微斜长石(55%~60%)、石英(25%~30%)、黑云母(5%~10%)、白云母(<5%)以及少量的磁铁矿、磷灰石和锆石等副矿物(图 4-1B)。绝大部分长石为微斜长石且绢云母化。

图 4-1 王家庄花岗岩岩相学镜下照片

2. 伟晶岩脉

伟晶岩脉在野外以脉状形式产出,长度从几米到几百米不等,宽度从几分米到几米不等。伟晶岩脉未发生变形,镜下显示块状构造,文象结构(图4-2)。主要矿物组合为钾长石(50%~55%)、斜长石(5%~10%)、石英(15%~20%)、电气石(10%~15%)和少量黑云母及白云母。部分样品内可见石榴石。

图 4-2 伟晶岩脉岩相学特征

二、地球化学特征

1. 元素蚀变和活动性评估

前寒武纪岩石尤其是太古宙岩石受后期变形变质改造影响，原始成分和结构发生了变化。因此，在使用地球化学和同位素分析结果之前，评估新太古代王家庄花岗岩地球化学成分受后期变形变质作用影响的程度至关重要。本研究所采集样品均为新鲜、蚀变较弱的样品。同时绝大多数锆石不发育变质边，表明王家庄花岗岩受后期变形变质改造较弱。烧矢量(LOI)小于 1*ωt*. %，Ce/Ce* 变化范围(1.01～1.14)较小，说明水化作用在后期蚀变过程中影响较小。球粒陨石和原始地幔标准化配分模式显示稀土元素(REE)和高场强元素(HSFE)活动性较弱。综上所述，王家庄花岗岩地球化学和同位素地球化学数据可用于岩石学成因的探讨。

2. 主、微量元素特征

王家庄花岗岩高硅(SiO_2=72.56%～74.61%)，高钾(K_2O=5.29%～6.03%)，富碱(ALK=8.34%～8.92%)，低钛(TiO_2=0.20%～0.26%)和贫镁(MgO=0.29%～0.50%)、钙(CaO=0.53%～1.16%)及铁(Fe_2O_3=1.84%～2.60%)。相对于高硅含量岩石来说，该岩体铝含量较高(Al_2O_3=13.21%～13.62%)，铝饱和指数为 A/CNK=1.32～1.41，平均为 1.37，表现出过铝质特征(图 4-3A)。岩石中 K_2O 含量较高，在 K_2O-SiO_2图中，王家庄花岗岩表现出钾玄岩系列特征(图 4-3B)。在 K_2O-Na_2O 分类图解中，样品投于 A 型花岗岩区域(图 4-4A)。

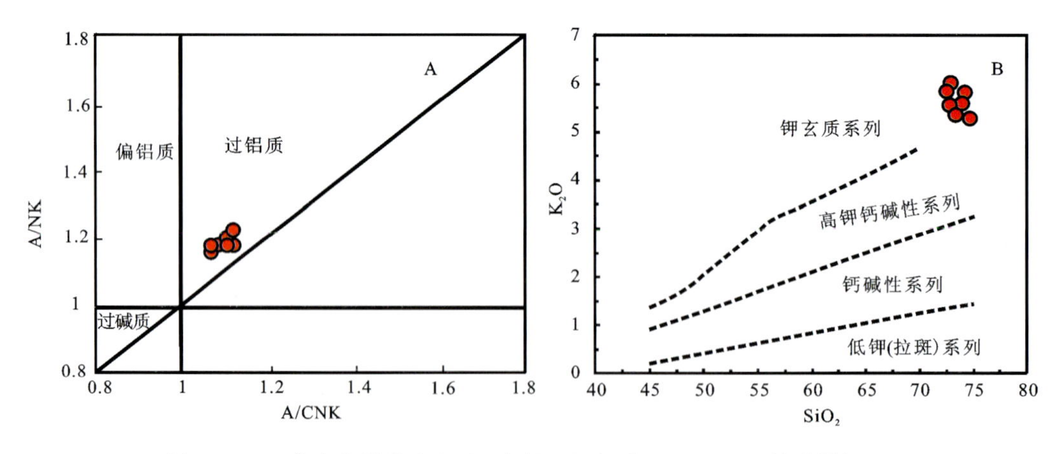

图 4-3　王家庄花岗岩 A/NK-A/CNK(A)和 K_2O-SiO_2 关系图解(B)

在微量元素中，王家庄岩体高铌(15.5×10^{-6}～24.7×10^{-6})，高镓(19.3×10^{-6}～22×10^{-6})和高钇(30.9×10^{-6}～56.8×10^{-6})，具有典型 A 型花岗岩的特征。在原始地幔标准化的微量元素配分模式中，具有非常明显的 Ba、Sr、P 和 Ti 负异常(图 4-5)。样品的 Rb/Sr 比值较高，介于1.80～3.21 之间，平均为 2.53，高于全球上地壳 0.32 的平均值，但低于高分异的花岗岩类。同时王家庄花岗岩具有高的 Ga/Al 比值(2.69×10^{-6}～3.05×10^{-6})，高于 A

型花岗岩下限值的2.6×10^{-6}，在10 000Ga/Al -(K_2O+Na_2O)和10 000Ga/Al -(K_2O+MgO)判别图解中均落入A型花岗岩域(图4-4B、C)。

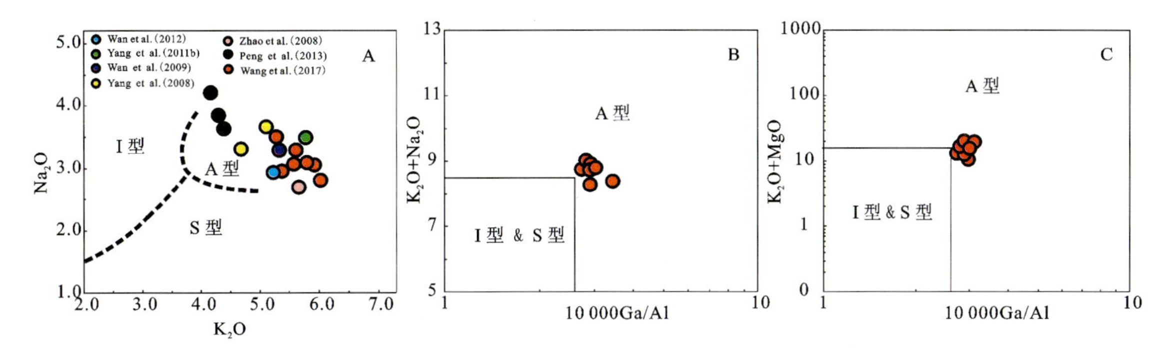

图4-4 王家庄花岗岩Na_2O-K_2O(A)、(K_2O+Na_2O)-10 000Ga/Al(B)和K_2O/MgO-10 000Ga/Al关系图解(C)

王家庄花岗岩稀土元素总量高(表4-1)，且变化较大($\Sigma REE=282.1\times10^{-6}\sim587.1\times10^{-6}$，平均为$441.8\times10^{-6}$)。所有样品总体表现为右倾的"V"字形球粒陨石标准化稀土配分模式(图4-5A)。轻稀土元素相对富集并分异较明显，重稀土元素分异较弱，轻重稀土具有较大程度分异[$(La/Yb)_N=8.47\sim31.38$]，且有明显的Eu负异常($Eu/Eu^*=0.25\sim0.31$)，这与岩石富含贫Ca的微斜长石特征相一致。该岩体稀土元素特征与A型花岗岩相似。王家庄花岗岩具有较高的Si、K和Rb/Sr比值(1.8～3.21，平均值2.54)，Mg和Cr含量低，表明王家庄花岗岩并非直接来自幔源物质的交代，可能存在一定程度的地壳混染。

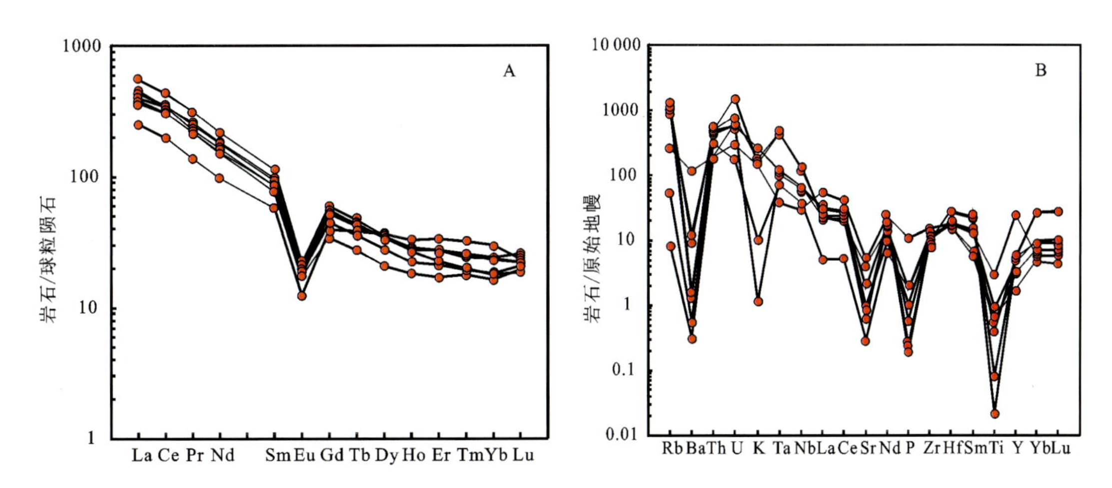

图4-5 王家庄花岗岩球粒陨石标准化的稀土元素配分曲线(A)和原始地幔标准化的微量元素蛛网图(B)

一般认为锆石饱和温度可以近似代表花岗质岩石近液相线的温度，王家庄花岗岩中未见残留锆石或捕获锆石，可以应用Watson和Harrison(1983)锆石饱和温度计，具体计算公式为：

$$\ln D_{Zr}{}^{zircon/melt}=\{-3.80-[0.85(M-1)]\}+12\ 900/T \qquad (4-1)$$

其中：$D_{Zr}^{zircon/melt}$代表锆石和熔体内 Zr 含量的比值；T 代表绝对温度；M 代表阳离子比值（[Na+K+2Ca]/[Al-Si]），计算得出王家庄花岗岩体锆石饱和温度为 806～861℃（表 4-1），平均为 836℃，可近似代表王家庄花岗岩的形成温度。这一温度与全球范围内典型 A 型花岗岩的温度相近。

3. Sm-Nd 同位素特征

3 个样品都具有正的低 $\varepsilon_{Nd}(t)$值（+0.12～+1.13），表明王家庄花岗岩源区可能受到古老地壳物质的混染，与主、微量元素数据得出的结论一致。目前，主要有两种基于地壳来源模式：①可能来自干的麻粒岩残余的部分熔融；②高温下英云闪长岩或花岗闪长岩的重熔。实验结果显示，相比 Al 和 Mg，具有壳源性质的难熔麻粒岩亏损碱金属和 Ti，这与王家庄花岗岩高的（Na_2O+K_2O）/Al_2O_3 和 TiO_2/MgO 比值矛盾。此外，Patiño（1997）认为高温下富含长石矿物的英云闪长岩和花岗闪长岩的脱水熔融可以产生高铝的 A 型花岗岩。而明显的 Sr 和 Eu 负异常地球化学特征显示王家庄花岗岩属于过铝质的 A 型花岗岩（图 4-3A、图 4-4A）。综上所述，王家庄花岗岩可能来自英云闪长岩或花岗闪长岩的重熔，而非来自麻粒岩残余的部分熔融。

王家庄花岗岩样品的 $f_{Sm/Nd}$值均为变化范围不大的负值（-0.47～-0.41），说明源区 Sm、Nd 元素分馏不明显，计算的 Nd 模式年龄具有明确的地质意义。王家庄花岗岩单阶段 Nd 模式年龄 T_{DM}集中于 2863～2750Ma，两阶段 Nd 模式年龄 T_{DM2}集中于 2869～2784Ma（表 4-2），老于王家庄花岗岩的形成年龄，同时表明源区岩石的年龄集中于 2869～2784Ma。值得注意的是，赞皇地块内部分布有大量的形成时代约为 2.7Ga 的 TTG 片麻岩。综上所述，2.7GaTTG 片麻岩可能是王家庄花岗岩的源区。

综上所述，岩石地球化学和同位素地球化学结果表明，王家庄花岗岩属于 A 型花岗岩，可能来自古老 TTG 片麻岩的部分熔融。

第二节　赞皇地块郝庄花岗质岩石地球化学和年代学研究

一、野外样品采集和岩相学特征

郝庄附近的花岗质岩石主要为花岗闪长岩和伟晶岩（图 4-6），本研究对花岗闪长岩岩体和一处伟晶岩露头进行了详细采样和野外大比例尺构造填图（图 4-7）。

1. 伟晶岩

1∶20 的大比例尺精细构造填图（图 4-7）显示，剖面岩性主要为片麻岩、伟晶岩和石英脉。另外还有大小不一、性质不明的断层分布其中。该伟晶岩呈脉体群分布于围岩片麻岩中，近距离观察发现，部分伟晶岩脉体与围岩面理平行展布，而另一部分伟晶岩脉体穿插、改造了强烈变形的围岩面理，与之呈侵入关系（图 4-7）。伟晶岩显示为粗粒结构，在矿物组合上，主要由石英、斜长石、钾长石和少量白云母、黑云母组成，其中石英、长石含量占 95%以上。

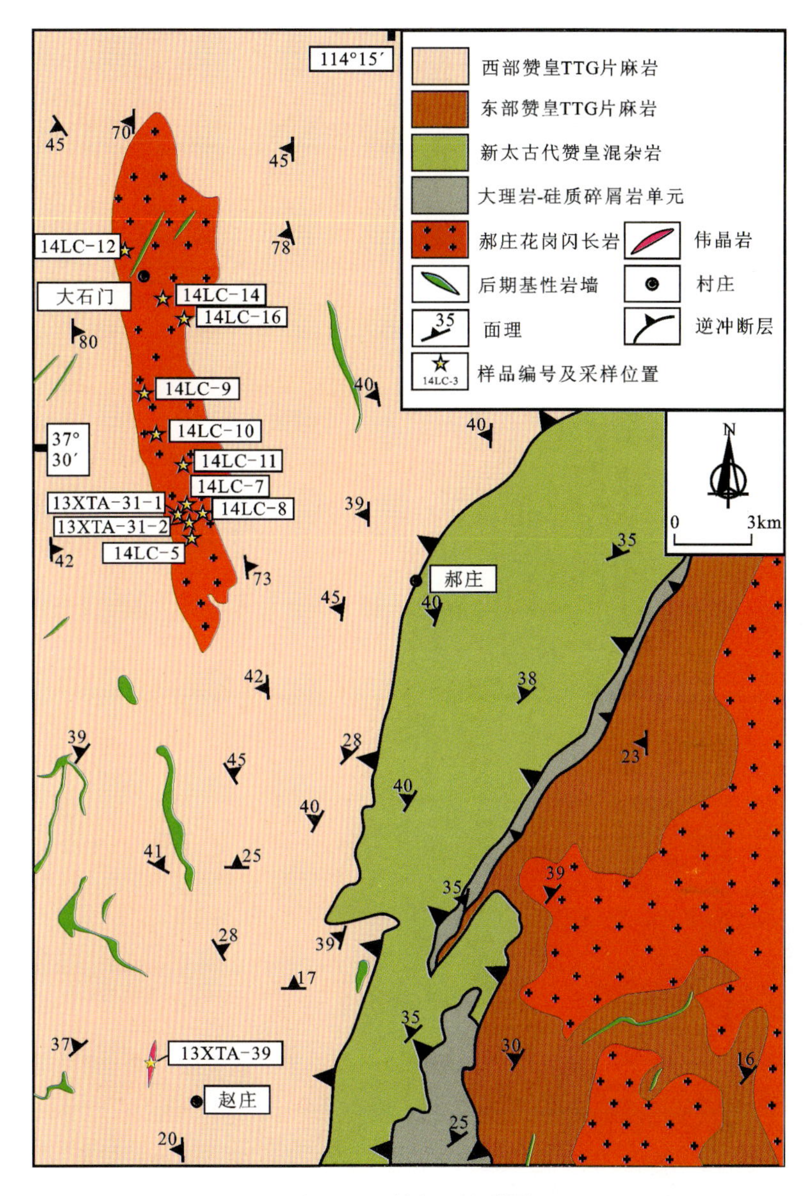

图 4-6　研究区地质图

2. 花岗闪长岩

花岗闪长岩手标本呈浅红色、褐黄色、肉红色、灰白色等，在岩体不同位置观察到的暗色矿物含量不同，分布不均匀。表现为粗粒、中粗粒花岗变晶结构，块状构造，有时呈似片麻状构造。花岗岩体局部可见含角闪石脉穿插现象(图 4-8A、B)。局部发现有若干暗色条带和暗色矿物角闪石堆晶聚集现象(图 4-8C)。矿物成分主要由斜长石(55%～65%)、钾长石(25%～35%)、石英(5%～15%)、角闪石(1%～5%)和少量黑云母组成，副矿物主要有榍石、磷灰石、磁铁矿、锆石等(图 4-8D、E)。显微镜下观察发现角闪石矿物显示出“环带”特征(图 4-8F)。

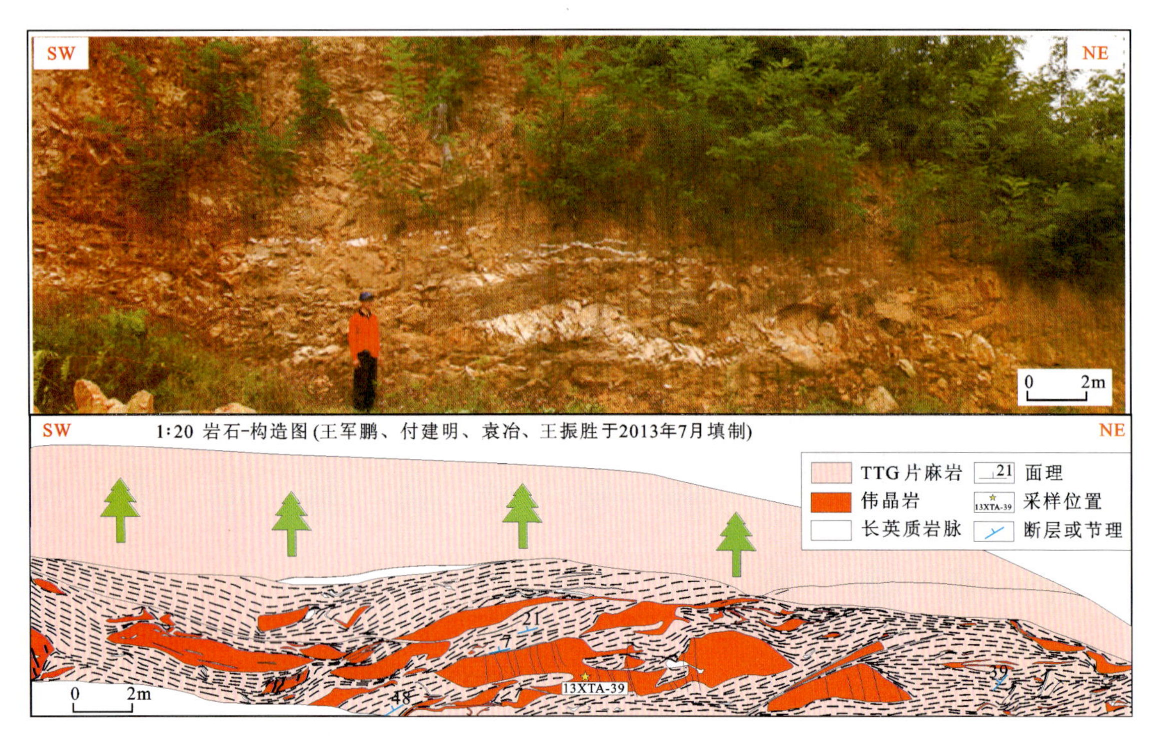

图 4-7　1：20 大比例尺精细岩石构造填图

图 4-8　花岗闪长岩野外和镜下照片

二、地球化学特征

沿郝庄花岗闪长岩体不同位置分散采集了共计 10 个岩石地球化学样品(图 4-6),所有样品均尽量选择新鲜均一且有代表性的样品。岩石主、微量元素分析结果见表 4-3。

表 4-3　郝庄花岗岩全岩主、微量元素数据

样品号 化学元素	14LC-5	14LC-7	14LC-8	14LC-9	14LC-10	14LC-11	14LC-12	14LC-14	14LC-16
SiO_2	64.27	64.15	64.83	62.94	62.12	66.84	65.53	63.27	69.2
Al_2O_3	17.06	16.76	17.62	18.36	18.1	16.66	15.75	16.91	15.2
$Fe_2O_3^T$	4.21	3.51	3.53	4.97	5.36	3.08	4.93	4.99	2.94
MnO	0.08	0.08	0.06	0.03	0.07	0.07	0.05	0.08	0.03
MgO	1.08	0.87	0.51	0.5	0.4	0.73	1.33	0.98	0.56
CaO	1.82	2.22	1.74	1.16	1.53	1.49	1.65	2	1.71
Na_2O	7.04	6.52	7.13	6.35	6.96	7.4	6.82	7.49	5.79
K_2O	4.46	4.2	4.39	5.92	5.13	3.52	3.84	4.15	4.18
P_2O_5	0.17	0.1	0.08	0.06	0.12	0.11	0.17	0.14	0.08
LOI	0.35	0.57	0.32	0.42	0.89	0.35	0.51	0.86	0.3
Tol	99.53	99.34	99.55	99.7	99.7	99.4	99.45	99.52	99.47
$Mg^{\#}$	37	37	25	19	15	36	39	31	31
K_2O/Na_2O	0.63	0.64	0.62	0.93	0.74	0.48	0.56	0.55	0.72
ALK	11.5	10.72	11.52	12.27	12.09	10.92	10.66	11.64	9.97
A/NK	1.04	1.1	1.07	1.09	1.06	1.04	1.02	1.01	1.08
A/CNK	0.87	0.87	0.9	0.97	0.91	0.89	0.86	0.83	0.89
La	47.1	25.12	48.8	27.6	25.2	47.9	44.7	53.1	28.4
Ce	87.3	58.11	101	53	52.5	76	78.8	95.7	57.2
Pr	9.93	6.13	11.1	6.13	6.15	7.9	8.74	9.86	6.24
Nd	34.8	21.61	39	20.4	21	25.6	29.7	32.1	23
Sm	6.44	3.98	5.79	3.66	4.07	4.44	5.19	5.51	3.36
Eu	1.49	1.07	1.33	0.9	1.08	1.09	1.19	1.39	0.86
Gd	4.34	3.02	4.09	2.61	3.31	3.56	3.64	4.27	2.66
Tb	0.56	0.46	0.54	0.35	0.47	0.47	0.49	0.56	0.37
Dy	2.79	2.63	2.65	1.91	2.6	2.69	2.75	3.14	1.79
Ho	0.55	0.49	0.52	0.4	0.58	0.57	0.56	0.68	0.38
Er	1.36	1.48	1.57	1.06	1.67	1.59	1.56	1.93	0.99
Tm	0.22	0.23	0.19	0.18	0.28	0.27	0.24	0.31	0.15

续表 4-3

样品号 化学元素	14LC-5	14LC-7	14LC-8	14LC-9	14LC-10	14LC-11	14LC-12	14LC-14	14LC-16
Yb	1.35	1.43	1.24	1.09	1.82	1.61	1.57	1.78	1.01
Lu	0.18	0.22	0.16	0.15	0.23	0.24	0.26	0.25	0.13
∑REE	198.41	125.97	217.98	119.44	120.96	173.93	179.39	210.58	126.54
Eu/Eu^*	0.86	0.94	0.84	0.89	0.9	0.84	0.84	0.88	0.88
$(La/Yb)_N$	25.03	12.58	28.23	18.16	9.93	21.34	20.42	21.4	20.17
$(La/Sm)_N$	4.72	4.08	5.44	4.87	4	6.96	5.56	6.22	5.46
$(Gd/Yb)_N$	2.66	1.75	2.73	1.98	1.5	1.83	1.92	1.98	2.18
Ce/Ce^*	0.99	1.15	1.06	1	1.03	0.96	0.98	1.03	1.05
Sc	2	1.95	1	1	1	2	3	1	2
V	34	37.01	29	42	31	21	44	34	20
Cr	6	13.5	5	2	2	5	20	7	3
Co	29	66.94	24	22	25	28	31	23	38
Ni	4	9.36	3	2	2	3	12	7	3
Ga	23.1	25.81	21.6	24.3	27.6	26.4	22.6	27.5	18
Rb	163	72.11	87.8	203	282	79.4	137.5	102.5	112.5
Sr	834	395.06	561	429	755	186	237	118.5	595
Y	14.8	14.35	14.5	10.1	15.9	17	16.2	20.1	10.2
Zr	190	189.36	62	272	227	396	287	312	171
Nb	14.5	16.49	11.8	14.6	31	20.2	20.1	17.5	7.5
Cs	0.17	0.06	0.08	0.52	5.41	0.01	0.16	0.09	0.2
Ba	1050	537.37	587	836	938	243	666	246	930
Hf	4.4	4.75	1.5	6.5	5	9	7.2	6.4	4.4
Ta	1.2	1.22	1	0.9	2	1.3	1.4	1.1	0.7
Pb	55	13.97	31	14	26	18	9	11	10
Th	9.79	5.91	2.46	11.7	3.48	30.4	24.3	16.25	3.47
U	2.99	1.86	0.64	2.69	5.22	5.84	4.33	4.08	0.92
Rb/Sr	0.2	0.18	0.16	0.47	0.37	0.43	0.58	0.86	0.19
Ga/Al	2.56	2.91	2.32	2.5	2.88	2.99	2.71	3.07	2.24
Y/Yb	10.96	10.02	11.69	9.27	8.74	10.56	10.32	11.29	10.1
Y/Nb	1.02	0.87	1.23	0.69	0.51	0.84	0.81	1.15	1.36
Y+Nb	29.3	30.84	26.3	24.7	46.9	37.2	36.3	37.6	17.7

注：主量元素以 *wt.* %计，微量元素以 $\times 10^{-6}$ 计，LOI 为烧失量。ALK=K_2O+Na_2O；A/CNK=molar[$Al_2O_3/(CaO+Na_2O+K_2O)$]；A/NK=molar[$Al_2O_3/(Na_2O+K_2O)$]。“#”表示镁指数，“*”表示 Eu、Ce 异常。

1. 主量元素特征

郝庄花岗闪长岩具有低 SiO_2(61.44%～69.20%,平均64.46%)、低 K_2O(3.52%～5.92%,其中样品14LC-3甚至仅为0.22%、富碱(ALK8.79%～12.27%,平均为11.01%),低CaO(1.16%～2.22%,其中样品14LC-3达到4.11%)、富MgO(0.40%～2.75%,平均为0.97%)、富 TFe_2O_3(2.94%～7.29%,平均为4.48%)的特征。岩体的 $Mg^{\#}$ 值(15～47,平均为32)较低,铝含量较高(Al_2O_3 15.20%～18.36%,平均为16.87%),铝指数A/CNK=0.75～0.97,平均为0.87,A/NK=1.01～1.14,平均为1.07,二者均表现为弱偏铝质特征(图4-9)。在岩石 SiO_2-K_2O 图中,除样品14LC-3的K含量特别低外,郝庄花岗闪长岩样品投点于钾玄岩-高钾钙碱性系列区域(图4-9)。样品14LC-3位于郝庄花岗闪长岩南部边缘,极有可能是在长期风化过程中元素流失造成的,因此不能反映岩体的真实信息。

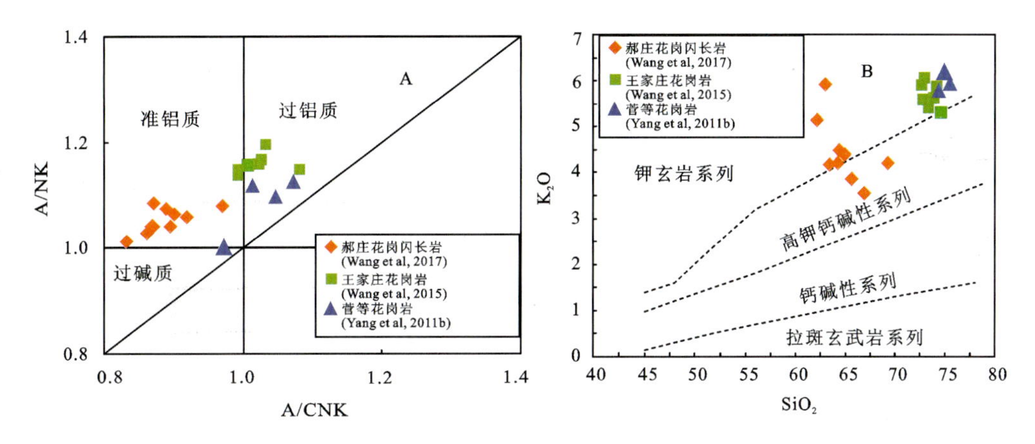

图4-9　郝庄花岗闪长岩A/NK-A/CNK(A)和 K_2O-SiO_2 关系图解(B)

2. 微量元素特征

郝庄花岗闪长岩样品的稀土元素含量变化不大,稀土总量中等(ΣREE=(119.44×10^{-6}～217.98×10^{-6}),平均为166.45×10^{-6}。样品的球粒陨石标准化稀土配分模式比较一致(图4-10),总体来看,轻稀土元素相对富集,轻、重稀土元素具有中等程度分异[$(La/Yb)_N$=9.93～28.23]。稀土元素球粒陨石标准化配分曲线表现为强烈右倾配分模式,轻稀土部分斜率较陡,而重稀土部分曲线接近水平分布,显示可能有幔源岩浆物质的加入。Eu元素具有较弱的负异常(Eu/Eu^*=0.84～0.94)。

郝庄花岗闪长岩样品的微量元素相对也比较一致,其中,除样品14LC-3外,所有样品具有较低的Rb(72.11×10^{-6}～282×10^{-6})。另外,样品还具有较高的Sr(118.5×10^{-6}～834×10^{-6})和Zr(62×10^{-6}～396×10^{-6}),以及较低的Yb(1.01×10^{-6}～1.82×10^{-6})和Y(10.1×10^{-6}～20.1×10^{-6})。该花岗岩的Ga/Al值较低,平均为2.66×10^{-6},略高于A型花岗岩下限值2.6×10^{-6},在样品10 000Ga/Al-(K_2O+Na_2O)、10 000Ga/Al-Zr和10 000Ga/Al-Ce关系图解(图4-11)中,郝庄花岗闪长岩大部分均投点于A型花岗岩区域,只有在10 000Ga/Al-Zr关系图中有样品14LC-8投点到了I&S型花岗岩中。在原始地幔标准化的微量元素

蛛网图（图 4 - 10）中，具有比较明显的 Ba、Ta、Nb、P、Ti 元素的负异常，显示花岗闪长岩源区可能为俯冲相关源区。其中，样品 14LC - 3 显示了 Ba 和 K 的强烈负异常。而 Th、U、Sr 元素表现比较不一致，有的样品显示具有正异常现象，有的则显示具有负异常现象。样品 14LC - 8 中的 Zr 和 Hf 元素与其他样品相比含量也明显偏低。

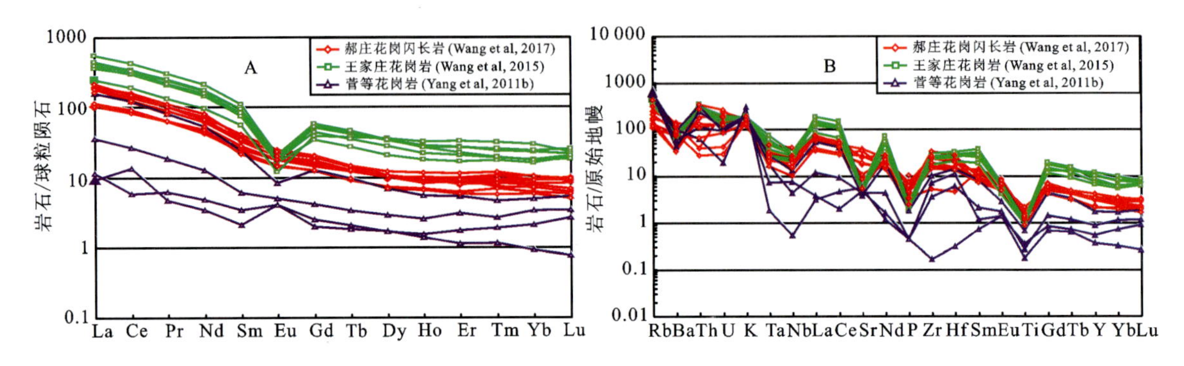

图 4 - 10　郝庄花岗闪长岩稀土元素球粒陨石和原始地幔标准化配分模式图

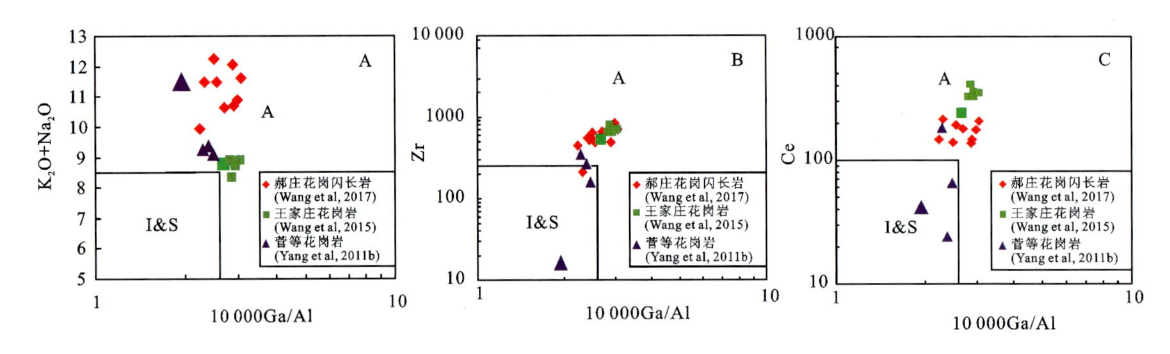

图 4 - 11　郝庄花岗闪长岩 10 000Ga/Al -（K_2O+Na_2O）（A）、10 000Ga/Al - Zr（B）、10 000Ga/Al - Ce 关系图（C）

三、年代学

1. 伟晶岩

伟晶岩中的锆石 Cl 图像显示较弱的岩浆振荡环带状特征（图 4 - 12A），属于岩浆锆石类型。另外，赵庄伟晶岩中的锆石颗粒以半自形居多，也有部分完整的自形柱状颗粒，粒径以 100～200μm 为主，长宽比为 1.5～3。Cl 图像显示该样品锆石发光较弱，颜色较暗，部分锆石边缘有白色增生边环绕。选择 30 颗锆石进行 LA - ICP - MS U - Pb 测年分析，具体测试结果见表 3 - 4。锆石的 U 含量较高，为 554×10^{-6}～$12\ 471\times10^{-6}$，平均为 9128×10^{-6}；Th 含量为155×10^{-6}～1316×10^{-6}，平均为 853×10^{-6}；Th/U 值变化较大，为 0.03～0.72，其中 16 个测点的 Th/U 比值小于 0.1，12 个测点介于 0.1～0.5 之间，整体具有较低的 Th/U 比值，有可能是受到后期改造的影响。

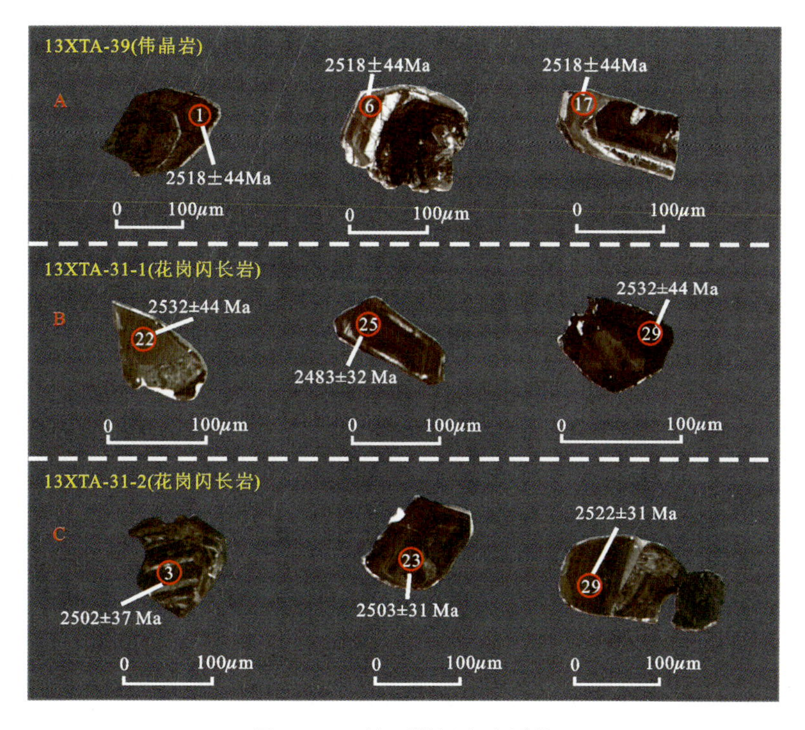

图 4-12　锆石阴极发光图像

在锆石 U-Pb 年龄谐和图中(图 4-13A),大多数锆石测点位于谐和线下方,具有明显的放射性成因 Pb(普通 Pb)丢失特征,仅有少数测点位于谐和线上。所有锆石测点拟合成的一条不一致线与谐和线相交于两点,获得的不一致线上交点年龄为 2513±29Ma,可认为是锆石的结晶年龄,也可代表伟晶岩的成岩年龄,而下交点年龄不具有明确的地质意义。

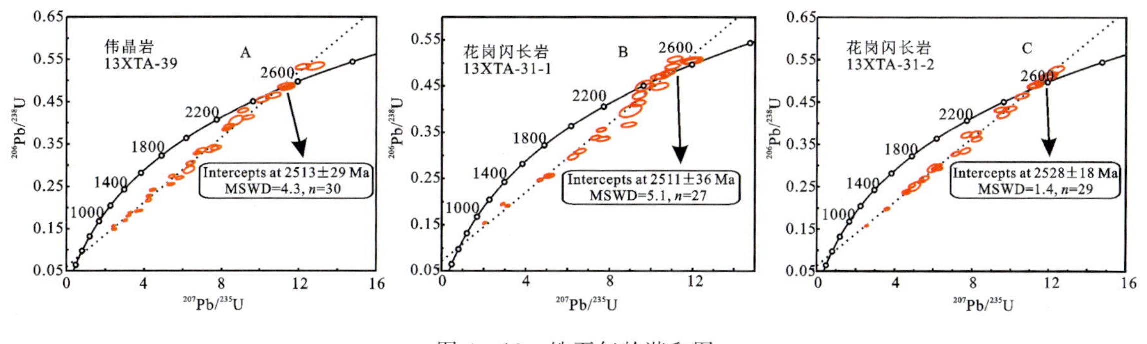

图 4-13　锆石年龄谐和图

2. 花岗闪长岩

花岗闪长岩 2 个测年样品 13XTA-31-1 和 13XTA-31-2 中的锆石颗粒同样都破碎相对严重,但显示较弱的岩浆振荡环带状特征(图 4-12B、C),也属于岩浆锆石类型。Cl 图像显示花岗闪长岩中的锆石主要呈现为半自形—自形,粒径以 100～150μm 为主,部分甚至可达 200μm,长宽比为 1.5～2.5。锆石颜色暗淡,部分锆石边缘有白色增生边环绕。

对花岗闪长岩样品 13XTA-31-1 中的 27 颗锆石进行 LA-ICP-MS U-Pb 测年分析，测试结果见表 3-4。锆石的 U 含量较高，为 421×10^{-6}～3529×10^{-6}，平均为 1349×10^{-6}。Th 含量为 92.6×10^{-6}～2447×10^{-6}，平均为 397×10^{-6}。Th/U 比值变化较大，为 0.06～1.06，其中 4 个测点的 Th/U 比值小于 0.1，19 个测点介于 0.1～0.5 之间。

对花岗闪长岩样品 13XTA-31-2 中的 29 颗锆石 LA-ICP-MS U-Pb 测年分析结果见表 3-4。该样品中锆石的 U 含量为 121×10^{-6}～1582×10^{-6}，平均为 520×10^{-6}。Th 含量为 48×10^{-6}～1844×10^{-6}，平均为 363×10^{-6}。Th/U 比值变化较大，为 0.09～1.8，其中 17 个测点的 Th/U 比值大于 0.5，10 个测点介于 0.1～0.5 之间。

在锆石 U-Pb 年龄谐和图中(图 4-13B、C)，与伟晶岩样品 13XTA-39 的测试结果类似，大多数锆石测点也位于谐和线下方，具有明显的放射性成因 Pb(普通 Pb)丢失特征，仅有少数测点位于谐和线上。所有锆石测点拟合成的一条不一致线与谐和线相交于两点，获得的上交点年龄分别为 2511±36Ma 和 2528±18Ma，均可以认为是锆石的结晶年龄，也可代表郝庄花岗闪长岩的成岩年龄，同样，下交点年龄不具有明确的地质意义。

对比伟晶岩(2513±29Ma)和郝庄花岗闪长岩(2511±36Ma、2528±18Ma)的年代学特征发现，二者形成年代相同，均为新太古代晚期。

四、岩石成因与构造环境探讨

华北克拉通在约 2.5Ga 时期经历了大规模的岩浆事件，仅在赞皇地块内就存在同期的(约 2.5Ga)王家庄花岗岩和菅等花岗岩。本部分将结合几处同期花岗岩体进行对比分析。

1. 地球化学特征

郝庄花岗闪长岩样品的 SiO_2 含量较低，大部分低于 65%，样品 14LC-12 和样品 14LC-16 的 SiO_2 含量稍高，但仍低于 70%，而王家庄花岗岩和菅等花岗岩的 SiO_2 含量较高，所有样品的 SiO_2 含量略高，均大于 72.5%。另外，郝庄花岗闪长岩中暗色矿物较王家庄花岗岩和菅等花岗岩明显偏多，主要的暗色矿物是角闪石，含量为 1%～5%，而王家庄花岗岩和菅等花岗岩中几乎不含角闪石等暗色矿物。郝庄花岗闪长岩具有偏铝质特性，属钾玄岩-高钾钙碱性过渡系列，工家庄花岗岩和菅等花岗岩大部分显示过铝质特性，均属钾玄岩系列。以这 3 种花岗岩的 SiO_2 含量作为横坐标，8 种主量元素作为纵坐标来作 Haker 图解(图 4-14)，可以发现，随着 SiO_2 含量的增加，不同花岗岩的主量元素具有一定的线性关系，K_2O 呈正相关，CaO、TFe_2O_3、MgO、MnO、Na_2O、Ti_2O、Al_2O_3 均表现出负相关关系，因此，本书认为 3 种花岗岩可能具有演化相关性。

2. 构造环境判别

花岗岩类岩石一般有 3 种成因：①混合化作用。最早由 Daly 等(1914，1933)提出，认为地幔玄武岩发生部分熔融形成岩浆，岩浆侵位过程受地壳物质混染，然后上侵至地表附近形成花岗岩类岩石。近年来具有代表性的观点是由于幔源岩浆底侵作用，使下地壳发生部分熔融，基性岩浆与熔融的花岗质岩浆混合，形成了性质偏中性的花岗质岩浆。②结晶分异作用。指玄武质岩浆随着温度、压力的降低，发生分离结晶，依次从中结晶出矿物，岩浆演化到后期变为闪长岩到花岗岩的不同花岗质岩浆类型。③深熔作用。指中、下地壳的岩石发生熔融或

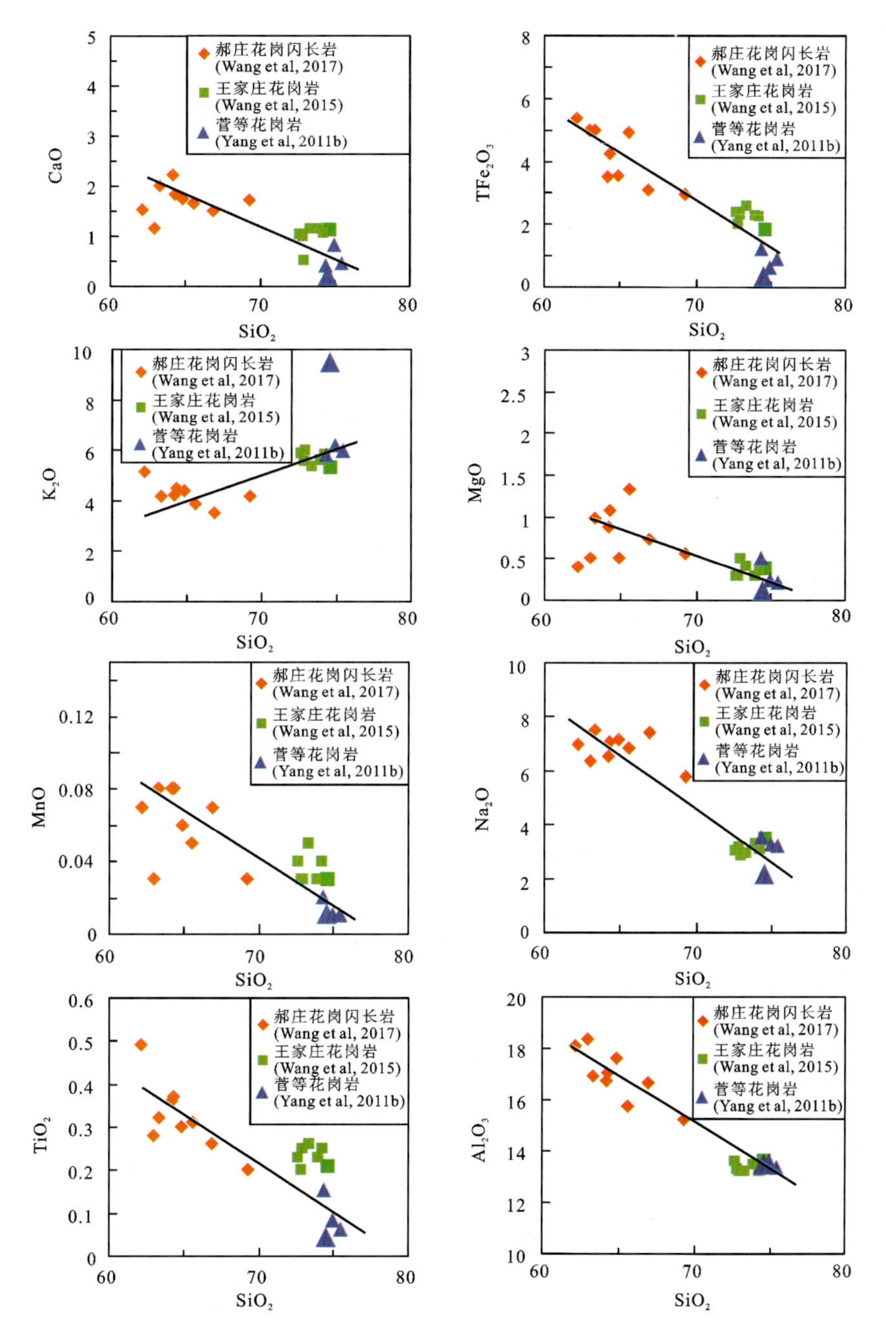

图 4-14　郝庄花岗闪长岩、王家庄花岗岩和营等花岗岩 SiO_2 与主量元素 Harker 图解（单位：$wt.\%$）

部分熔融，形成化学成分变化较大的不同花岗岩类岩石。郝庄花岗岩具有高含量的 Si、K 和 Rb/Sr 比值（0.16～0.86），Mg 和 Cr 的含量低。这些特征指示郝庄花岗岩具有幔源性质。在 Yb－Ta 和 Y－Nb 关系图解（图 4－15）中，郝庄花岗闪长岩投点于同碰撞花岗岩区域，可能显示挤压碰撞造山-造山后伸展的过渡型构造环境。前期研究认为王家庄花岗岩是由华北克拉通弧-陆碰撞后陆壳发生部分熔融产生的岩浆侵入形成的。而研究区分布有大面积的太古宙TTG片麻岩，花岗质岩石可能为TTG片麻岩部分熔融的产物。

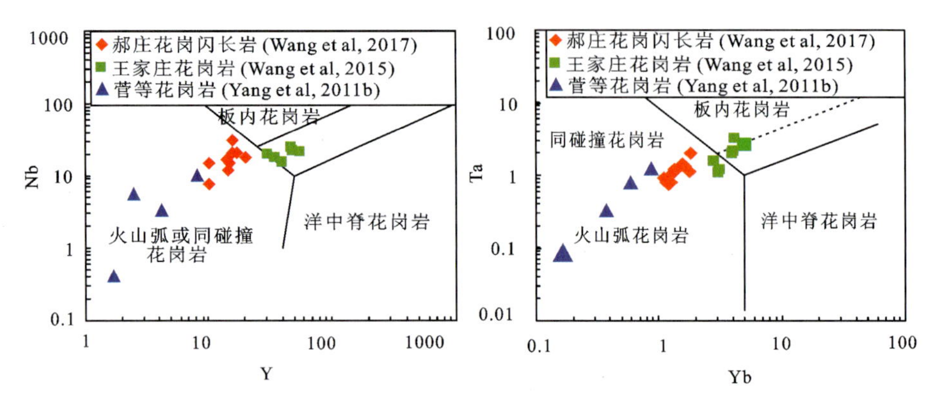

图4-15　郝庄花岗闪长岩、王家庄花岗岩和营等花岗岩Y-Nb(左)和Yb-Ta(右)关系图解（单位：$\times10^{-6}$）

第三节　华北克拉通花岗质岩石和基性岩墙(约2.5Ga)综述

一、约2.5Ga花岗质岩石

与王家庄花岗岩具有相似地球化学特征和岩石学成因的约2.5Ga花岗质岩石不仅分布在赞皇地块内，还遍布整个华北克拉通。本章总结了前人发表的分布在华北克拉通内约2.5Ga花岗质岩石，并结合整个华北克拉通内分布的约2.5Ga基性岩墙岩石地球化学、同位素地球化学和年代学，综合探讨华北克拉通约2.5Ga花岗质岩石和基性岩墙岩石学成因，最终为华北克拉通新太古代大地构造演化模式提供约束。

伴随大量花岗质岩石侵入的约2.5Ga岩浆事件不只分布在赞皇地块内，而是遍布华北克拉通中部造山带和东部陆块内。本节重点总结的是与王家庄花岗岩具有相似年龄(约2.5Ga)、地球化学特征(A型花岗岩)和岩石成因的花岗质岩石，总结结果见表4-4。在华北克拉通西部陆块，同样分布有约2.5Ga花岗质岩石，但是具有不同的地球化学特征，反映了不同的构造环境。详细描述如下：

(1)中部造山带内约2.5Ga花岗质岩石包括花岗岩、伟晶岩脉和二长花岗岩等。通过对花岗岩和伟晶岩的年代学研究发现，赞皇地块出露的花岗岩和伟晶岩脉具有相同的形成时代(约2.5Ga)，且都切穿了赞皇混杂岩的组构和单元。因此，推测王家庄花岗岩和未变形伟晶

表 4-4　华北克拉通约 2.5Ga 花岗质岩石总结

位置	GPS	岩性	样品号	形成年龄/Ma	测年方法	文献	地球化学	
							Na_2O	K_2O
Central Orogenic Belt(中部造山带)								
Zanhuang Massif(ZH)-赞皇地块								
王家庄	N37°19′36.7″,E114°11′30.4″	A 型花岗岩	13XT17-1	2517±20	LAICPMS	Wang et al,2015		
王家庄	N37°19′37″,E114°11′19.5″	A 型花岗岩	13XT19-1	2 506.4±9.8	LAICPMS	Wang et al,2015		
王家庄	N37°18′1.1″,E114°13′30.1″	A 型花岗岩	13XT22-1	2513±13	LAICPMS	Wang et al,2015		
路家庄	N37°13′13.8″,E114°06′22.1″	伟晶岩	76-5c	2539±44	LAICPMS	Wang et al,2015		
路家庄	N37°13′06″,E114°06′05″	A 型花岗岩	13XT10-2	2504±16	LAICPMS	Deng et al,2014		
菅等	N37°29′08″,E114°19′30.4″	钾质花岗岩	Z03-3	2490±13	SHRIMP	Yang et al,2011b	3.49	5.76
郝庄	N37°29′22.4″,E114°12′36.4″	花岗岩	13XTA-31-1	2475±37	LAICPMS	Wang et al,2017b	6.45	3.35
郝庄	N37°29′22.6″,E114°12′36.2″	花岗岩	13XTA-31-2	2509±24	LAICPMS	Wang et al,2017b	6.52	4.2
Wutai Complex(WT)-五台地块								
兰芝山		花岗岩	PC-95-94	2553±8	SHRIMP	Wilde et al,1997		
兰芝山		花岗岩	PC-95-96	2537±10	SHRIMP	Wilde et al,1997		
峨口		花岗岩	95-19	2555±6	SHRIMP	Wilde et al,1997		
峨口		花岗岩	PC-95-34	2566±13	SHRIMP	Wilde et al,1997		
龙泉关		花岗岩类	WL9	2540±18	SHRIMP	Wilde et al,1997		
龙泉关		花岗岩类	WN11	2541±4	SHRIMP	Wilde et al,1997		
龙泉关		花岗岩类	WL12	2543±7	SHRIMP	Wilde et al,1997		
兰芝山		花岗岩	Ag5-5	2560±6	SGD	Liu et al,1985		

续表 4-4

位置	GPS	岩性	样品号	形成年龄/Ma	测年方法	文献	地球化学	
							Na_2O	K_2O
峨口		花岗岩	Ea - r	2520±30	SGD	Liu et al,1985		
光明寺		花岗岩	Ag6 - 2	2522±17	SGD	Liu et al,1985		
光明寺	N39°02′26″,E113°37′09″	花岗岩类	95 - PC - 76	2531±5	SHRIMP	Wilde et al,2005		
石拂	N38°55′39″,E113°38′33″	花岗岩类	95 - PC - 98	2531±4	SHRIMP	Wilde et al,2005		
车厂-北台	N39°05′32″,E113°38′14″	花岗岩类	WC5	2538±6	SHRIMP	Wilde et al,2005		
车厂-北台	N39°05′14″,E113°38′31″	花岗岩类	WC6	2546±6	SHRIMP	Wilde et al,2005		
车厂-北台	N39°12′22″,E113°42′56″	花岗岩类	WC7	2552±11	SHRIMP	Wilde et al,2005		
车厂-北台	N39°04′31″,E113°39′53″	花岗岩类	95 - PC - 6B	2551±5	SHRIMP	Wilde et al,2005		
王家会	N39°01′06″,E113°01′01″	花岗岩类	95 - PC - 62	2520±9	SHRIMP	Wilde et al,2005		
王家会	N39°01′00″,E113°01′04″	花岗岩类	95 - PC - 63	2517±12	SHRIMP	Wilde et al,2005		
Fuping Complex(FP)-阜平地块								
辛庄		伟晶岩	FP224	2507±11	SHRIMP	Zhao et al,2002		
板桥沟		伟晶岩	F01101 - 2	约 2500	SHRIMP	Li et al,2004		
板桥沟		深熔花岗岩	F01101 - 1	约 2500	SHRIMP	Li et al,2004		
Huai′an Complex(HA)-怀安地块								
宣化	N40°41′45″,E115°12′28″	钾质花岗岩	XGY01 - 2	2493±6	SHRIMP	Zhang et al,2011		
满井沟	N40°20′09″,E114°27′29″	黑云母花岗岩	DJG12	2437±10	LAICPMS	Zhang et al,2011		
Dengfeng Complex(DF)-登封地块								
路家沟	N34°27′54″,E112°48′14″	二长花岗岩	XS0416 - 11	2513±33	SHRIMP	Wan et al,2009	3.33	5.41

续表 4-4

位置	GPS	岩性	样品号	形成年龄/Ma	测年方法	文献	地球化学	
							Na_2O	K_2O
Eastern Block(东部陆块)								
Eastern Hebei Province(EH)-河北省东部								
渔户寨		英云闪长岩	TP22	2550±2	SHRIMP	Geng et al,2006		
北戴河	N39°48′40″,E119°29′05″	二长花岗岩	J08/12	2512±12	SHRIMP	Nutman et al,2011		
北戴河	N39°48′47″,E119°29′31″	二长花岗岩	J08/16	2525±10	SHRIMP	Nutman et al,2011		
秦皇岛		花岗岩	FW04-54	2523±6	LAICPMS	Yang et al,2008	3.67	5.07
秦皇岛		花岗闪长岩	FW04-42	2522±5	LAICPMS	Yang et al,2008	3.28	4.68
秦皇岛		正长花岗岩	J0817	2511±10	SHRIMP	Wan et al,2012	2.94	5.27
Western Liaoning Province(WL)-辽宁省西部								
建平		花岗岩类		2 521.8±0.8	SGD	Kroner et al,1998		
Western Shandong Province(WS)-山东省西部								
鲁山	N36°19′09″,E118°11′19″	正长花岗岩	S0788	2525±13	SHRIMP	Wan et al,2010		
石海山	N35°20′39″,E117°32′46″	正长花岗岩	S0516	2533±8	SHRIMP	Wan et al,2010		
太黄	N35°23′59″,E117°07′23″	花岗闪长岩	S0705	2525±8	SHRIMP	Wan et al,2010		
肥城	N36°23′59″,E116°46′22″	二长花岗岩	S0827	2503±11	SHRIMP	Wan et al,2010		
四水	N35°46′34″,E117°08′37″	二长花岗岩	S0777	2513±12	SHRIMP	Wan et al,2010		
龟蒙顶	N35°33′22″,E117°57′29″	二长花岗岩	S0717	2534±8	SHRIMP	Wan et al,2010		
龟蒙顶	N35°33′30″,E117°50′39″	二长花岗岩	S0710	2515±12	SHRIMP	Wan et al,2010		
泰山	N35°33′42″,E117°50′42″	二长花岗岩	S0711	2539±15	SHRIMP	Wan et al,2010		

续表 4-4

位置	GPS	岩性	样品号	形成年龄/Ma	测年方法	文献	地球化学	
							Na_2O	K_2O
泰山	N36°16′21″,E117°02′14″	二长花岗岩	SY0333	2507±27	SHRIMP	Wan et al,2010		
雁翎关	N36°02′14″,E117°34′46″	二长花岗岩	SY0310	2501±15	SHRIMP	Wan et al,2010		
七星台	N36°27′45″,E117°23′06″	二长花岗岩	S0727	2508±10	SHRIMP	Wan et al,2010		
七星台	N36°28′49″,E117°23′10″	二长花岗岩	S0728	2518±9	SHRIMP	Wan et al,2010		
鲁山	N36°17′21″,E118°03′20″	二长花岗岩	S0791	2508±20	SHRIMP	Wan et al,2010		
蒙阴	N35°46′28″,E118°11′19″	正长花岗岩	S0508	2531±8	SHRIMP	Wan et al,2010		
鲁山	N36°17′19″,E118°03′17″	正长花岗岩	S0789	2517±13	SHRIMP	Wan et al,2010		
鲁山	N36°19′09″,E118°11′19″	正长花岗岩	S0788	2525±13	SHRIMP	Wan et al,2010		
沂山	N36°12′19″,E118°37′48″	正长花岗岩	S0787	2490±10	SHRIMP	Wan et al,2010		
英灵山		钾质花岗岩	YS06-30	2530±7	SHRIMP	Zhao et al,2008	2.67	5.68
泰山	N35°27′29″,E118°05′53″	钾质花岗岩	08YS-105	2517±21	LAICPMS	Peng et al,2013	4.26	4.11
泰山	N35°28′40″,E118°03′18″	钾质花岗岩	08YS-112	2526±38	LAICPMS	Peng et al,2013	3.60	4.44
泰山	N35°21′42″,E117°26′48″	钾质花岗岩	08YS-142	2462±18	LAICPMS	Peng et al,2013	3.74	4.33

注:LAICPMS(Laser Ablation Inductively Coupled Plasma Mass Spectrometry),激光电感耦合等离子体质谱仪;SHRIMP(Sensitive High Resolution Ion microprobe),超灵敏二次离子质谱仪;SGD(Single Grain Dissolution),单颗粒溶解法(Krogh,1973)。主量元素含量以 *wt.* %计。

岩脉形成于相似的构造环境，伟晶岩脉可能为花岗质岩浆演化后期的产物。赞皇地块内，前人报道了菅等钾质花岗岩具有2490±13Ma的SHRIMP锆石形成年龄，郝庄花岗岩具有2509～2475Ma的LA－ICP－MS锆石$^{207}Pb/^{206}Pb$形成年龄，两个岩体地球化学显示具有A型花岗岩的特征。五台地块内，前人报道了2566～2517Ma的岩浆作用。Wilde等(2005)推测这些演化的花岗质岩石是俯冲作用的结果，且与岛弧岩浆作用有关。刘敦一等(1985)报道了兰之山花岗岩和隘口花岗岩分别具有2560±6Ma和2520±30Ma的形成年龄，并产生于华北克拉通基底TTG岩石。阜平地块内，李基宏等(2004)报道了约2.5Ga钾质伟晶岩脉和花岗岩，认为其形成与俯冲作用有关。赵国春等(2002)报道了2507±11Ma伟晶岩脉，基于地球化学研究，推断它为岩浆岛弧系统的产物。怀安地块内，张华峰等(2011)识别出2493～2437Ma的宣化和满井沟钾质花岗岩，认为它来自部分熔融的下地壳。登封地块内，万渝生等(2009)报道了2513±33Ma路家沟二长花岗岩具有A型花岗岩特征，推断它为碰撞后岩浆作用的产物。

(2)东部陆块内约2.5Ga花岗质岩石包括英云闪长岩、二长花岗岩、花岗闪长岩、钾质花岗岩等。河北省东部，耿元生等(2006)报道了大面积出露的2550±2Ma英云闪长岩，表明新太古代末期可能存在一期地壳增生事件。Nutman等(2011)报道了具有2512±12Ma和2525±10Ma锆石$^{207}Pb/^{206}Pb$年龄的二长花岗岩，具有典型的Ti负异常和轻稀土富集特征，与王家庄花岗岩形似，并推断它形成于岛弧岩浆演化过程。杨进辉等(2008)报道了具有2523～2522Ma锆石$^{207}Pb/^{206}Pb$年龄的秦皇岛钾质花岗岩，属于A型花岗岩，推断它来自原始地壳的熔融。万瑜生等(2012)通过对秦皇岛花岗岩的研究得出其形成年龄为2511±10Ma，属于A型花岗岩，并推断它来自陆壳的部分熔融。辽宁省西部，Kröner等(1998)报道了建平杂岩内2 521.8±0.8Ma花岗质侵入岩，并认为在新太古代建平杂岩是活动陆缘的一部分。山东省西部，万瑜生等(2010)报道了2539～2490Ma锆石SHRIMP U－Pb年龄，并推测可能形成于岛弧环境。赵国春等(2008)同样报道了2530±7Ma的A型花岗岩。通过对泰山新太古代(2517±21Ma、2526±38Ma、2462±18Ma)钾质花岗岩的研究，彭头平等(2013)认为它形成于俯冲环境，属于A型花岗岩。

综上所述，约2.5Ga的岩浆事件广泛分布在华北克拉通的中部造山带和东部陆块内，显著特征为约2.5Ga花岗质岩石的侵入，具有高钾A型花岗岩的地球化学特征。关于花岗质岩石的岩石学成因，目前普遍认为它形成于岛弧环境下下地壳TTG岩石的部分熔融，且与俯冲构造环境有关。也有一些学者认为它与地幔柱的底侵有关。

二、约2.5Ga基性岩墙

约2.5Ga基性岩墙广泛分布于华北克拉通中部造山带和东部陆块内。在中部造山带的北段，约2.5Ga基性岩墙以高压麻粒岩相角闪岩布丁形式分别出露于承德杂岩、宣化杂岩、怀安杂岩和阜平杂岩中。而在中部造山带的南段，约2.5Ga基性岩墙则以角闪岩相角闪岩布丁形式分别出露于五台杂岩、吕梁杂岩、赞皇地块、登封杂岩和泰华杂岩内。这些角闪岩布丁获得的锆石U－Pb或全岩Sm－Nd同位素原岩年龄为约2.5Ga，且认为其前身为基性岩墙。Krone等(2006)认为后期韧性变形扭转基性岩墙使之与围岩片麻理相平行，最终导致石香肠化。在东部陆块内，约 2.5Ga 基性岩墙主要包括河北东部的约 2.5Ga 高镁基性和正长岩墙、胶北地体 TTG 片麻岩内 2506Ma 斜长角闪岩透镜体、胶东地体出露的 2555Ma 石榴石斜长角闪岩透镜体以及东部陆块东南缘蚌埠—徐州—苏州区域的 2.5～2.4Ga 基性麻粒岩布丁。综上所述，笔者及团队成员认为约 2.5Ga 基性岩墙广泛分布于华北克拉通中部造山带和东部陆块内，且可能组成一期新太古代末期的基性岩墙群。

赞皇地块内约 2.5Ga 基性岩墙表现出富集 LREE 和 HFSE 亏损以及 Nb 和 Zr 负异常的地球化学特征，表明该套岩墙来源于与岛弧相关的地幔源区，而不是 OIB 型源区。且它们拥有较低的 TiO_2、Cr 和 Ni 含量，表明该套基性岩墙来源于岩石圈地幔。同时较高的 La/Ta(30.58)和 La/Nb(2.32)比值，表明它们可能起源于一个较为富集的岩石圈地幔。中部造山带的登封杂岩以及东部陆块河北东部的约 2.5Ga 基性岩墙同样表现出富集 LREE 和 LILE 且亏损 HFSE(Nb、Ta、Ti)的地球化学特征，表明华北克拉通约 2.5Ga 基性岩墙来源于富集岩石圈地幔。结合赞皇地块内出露的角闪岩成分岩墙，笔者认为华北克拉通约 2.5Ga 基性岩墙来自富集的地幔源区，且可能侵入于一个与俯冲相关的地球动力学背景之下。

第五章　赞皇地块变沉积岩序列年代学研究

本书研究中对变沉积岩序列中的石英岩采集了 2 个样品(2016XT－3－4 和 2016XT－4),并进行锆石挑选和 LA－ICP－MS 测年工作。两露头处石英岩在野外均呈层状,可见褶皱(图 5－1A、C)。样品 2016XT－3－4 主要矿物组合为石英(＞99％)和少量白云母(＜1％)(图 5－1B),样品 2016XT－4 主要矿物组合为石英(85％～90％)和钾长石(10％～15％)(图 5－1D)。2 个样品碎屑锆石 Cl 图像显示较好的振荡环带(图 5－2),表明这些碎屑锆石具有岩浆来源。锆石测年数据见表 3－4。

图 5－1　石英岩野外和显微照片

分别对样品 2016XT－3－4 和样品 2016XT－4 进行了 28 个点和 30 个点的定年测试。样品 2016XT－3－4 表明:1 个残留锆石年龄为 3394±29Ma,其他 27 个点获得的 $^{207}Pb/^{206}Pb$ 年龄范围为 2.6～2.4Ga(图 5－2),其中最小年龄为 2403±33Ma。年龄分布图上 27 个年龄的峰值为 2468±20Ma。样品 2016XT－4 表明:1 个残留锆石年龄为 2944±40Ma,其他 29 个点获得的 $^{207}Pb/^{206}Pb$ 年龄范围为 2.6～2.4Ga(图 5－2),其中最小年龄为 2435±36Ma。年龄分布图上 29 个年龄的峰值为 2494±13Ma。

基于前期详细野外和填图工作可知,石英岩是赞皇混杂岩的一个非常重要的岩石构造单元。赞皇混杂岩被后期约 2.5Ga 花岗岩体和伟晶岩切穿，表明石英岩(作为混杂岩的单元)主要在新太古代沉积。结合新的石英岩年代学数据，认为石英岩主要在 2.6～2.4Ga 沉积，主要峰期为 2.5Ga。老的锆石年龄可能继承自研究区古老基底 TTG 岩石。该部分关于变沉积岩的年代学研究与前期对赞皇混杂岩的组构及运动学分析和形成时代研究得出的结论一致，为赞皇混杂岩形成于新太古代提供了新的重要证据。

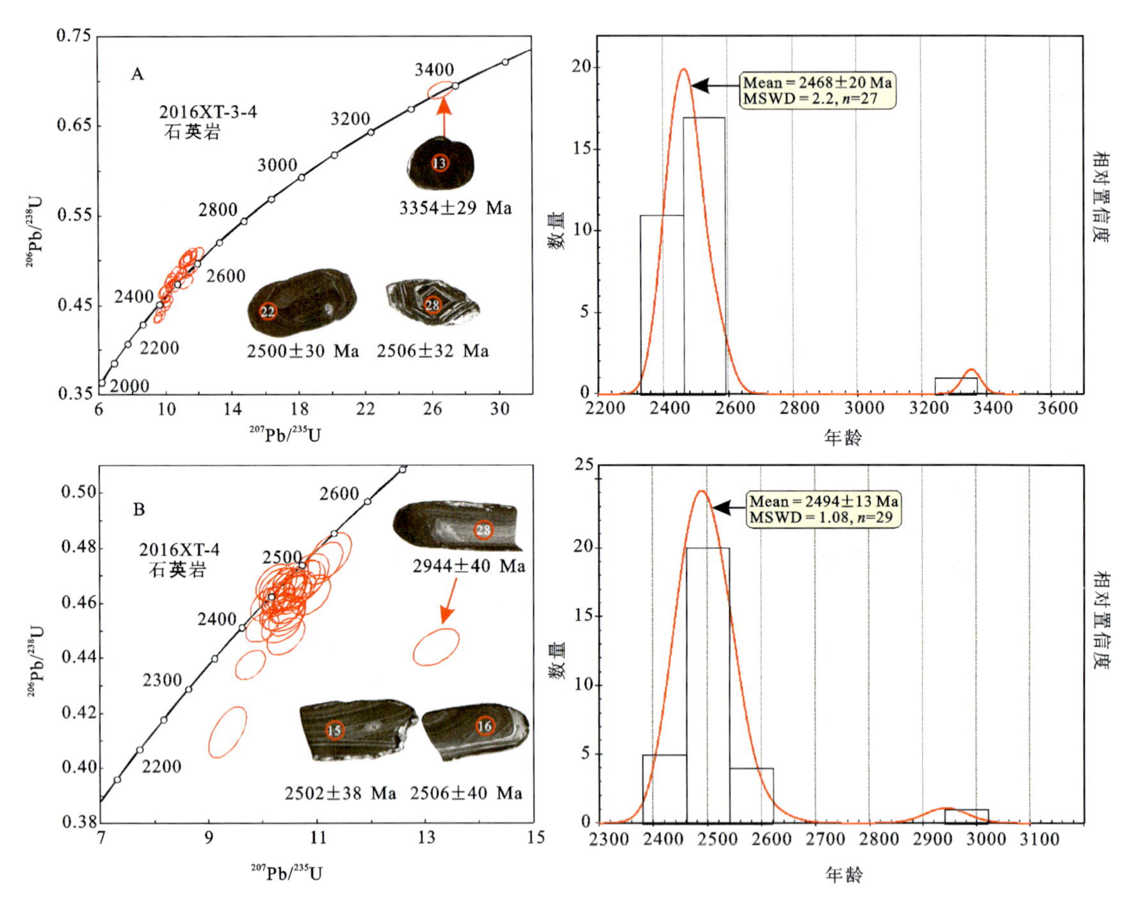

图 5-2　石英岩锆石 U-Pb 年龄谐和图

第六章　赞皇地块早前寒武纪地壳演化模式

如研究现状所述，对华北克拉通新太古代大地构造演化模式的研究存在较大的争论，例如对俯冲碰撞拼合的方式、时代和俯冲极性的研究尚没有定论。赞皇地块位置独特，位于华北克拉通东部陆块和中部造山带之间，在其内部新识别出的新太古代赞皇混杂岩为解释上述争论问题提供了重要的证据。笔者结合赞皇混杂岩内部组构和运动学分析，侵入赞皇混杂岩的后期花岗岩、伟晶岩脉岩石地球化学、同位素地球化学和年代学分析，变沉积岩年代学分析，综合探讨华北克拉通新太古代构造演化模式。基于本书研究结果，笔者提出华北克拉通中部造山带新太古代时期（约 2.5Ga）经历了两次大地构造演化事件：①弧-陆碰撞；②俯冲极性倒转。

第一节　弧-陆碰撞（约 2.5Ga）

西部赞皇地块位于中部造山带内，主要由 TTG 片麻岩组成，SHRIMP 锆石 U－Pb 年龄为 2692±12Ma，代表了一个岛弧地体，与阜平地块对应（图 6－1A）。东部赞皇地块 TTG 片麻岩与华北克拉通东部陆块主体成分一致，形成时代为古太古代—新太古代，可能裂解于更老、更大的陆块。东部赞皇地块西缘沉积的大理岩-硅质碎屑岩序列主要由粗粒大理岩、细粒石英岩、云母片岩、硅质碎屑岩、后期的石榴石斜长角闪岩等组成，该套岩石组合与被动大陆边缘至前陆盆地序列一致（图 6－1A）。因此，笔者提出新识别出的赞皇混杂岩代表了一条弧-陆碰撞造山事件残存下来的古碰撞缝合带（图 6－1A）。笔者认为华北克拉通东部陆块和中部造山带内一岛弧地体曾在某一地质历史时期发生过碰撞，两者沿东部陆块西缘沉积的被动大陆边缘-前陆盆地序列发生碰撞拼合，从俯冲板片上刮擦下来的物质与被动大陆边缘-前陆盆地序列岩石单元在碰撞拼合的过程中堆积混杂在一起，形成赞皇混杂岩。侵入赞皇混杂岩内的王家庄花岗岩和未变形伟晶岩脉，形成年龄约 2.5Ga，切穿了赞皇混杂岩的多个岩石-构造单元，表明赞皇混杂岩形成时代为新太古代，同时为东部陆块和阜平岛弧地体之间的碰撞提供了最小年龄。赞皇混杂岩野外考察及内部组构和运动学特征表明：由于弧-陆碰撞，西部赞皇地块向南东逆冲至东部赞皇地块之上，表明倾向北西的俯冲方向（图 6－1A）。

第二节　俯冲极性倒转（约 2.5Ga）

通过第四章总结发现，具有约 2.5Ga 形成年龄、相近地球化学特征和成因来源的花岗质岩石广泛分布于华北克拉通中部造山带和东部陆块内，而在西部陆块内未出现。岩石地球化学和 Sm－Nd 同位素地球化学研究表明，可能形成于岛弧环境下下地壳 TTG 岩石的部分熔融，且与俯冲构造环境有关。此外，约 2.5Ga 基性岩墙广泛分布于华北克拉通中部造山带和东部陆块内，且可能组成一期新太古代末期的基性岩墙群。笔者及团队成员认为华北克拉通约 2.5Ga 基性岩墙群来自富集的地幔源区，且可能侵入于一个与俯冲相关的地球动力学背景

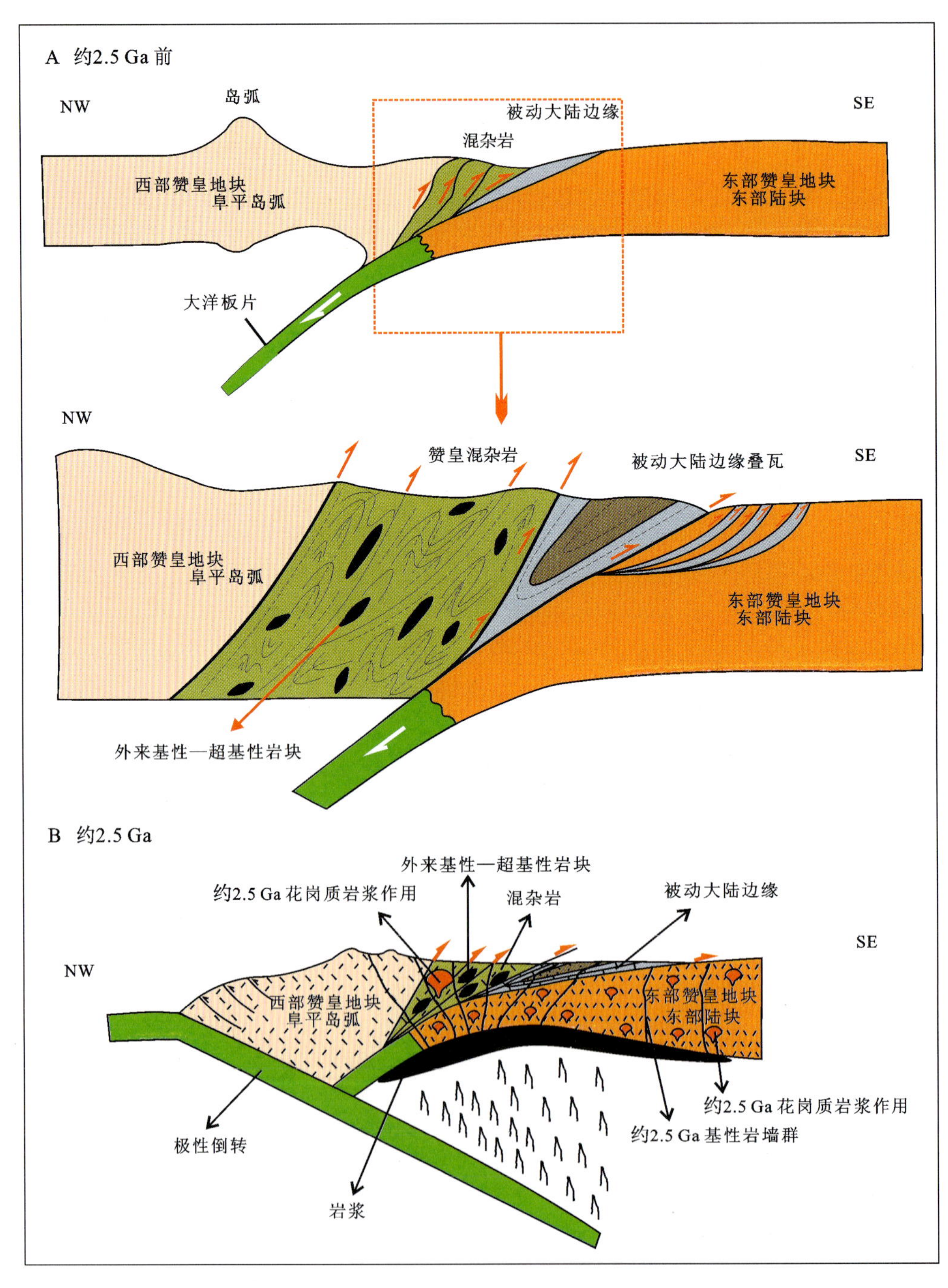

图 6－1　华北克拉通新太古代构造演化模式图

之下。由此可见，形成于新太古代的花岗质岩石和基性岩墙群广泛分布在华北克拉通中部造山带和东部陆块内，相似的构造环境表明它们可能来源于相同的母岩源区。太古宙大洋岩石圈具有更大的浮力和更高的地幔温度。早期的弧-陆碰撞可能会阻碍北西向俯冲的大洋板片，弧陆间的汇聚力导致新增生的弧陆地体的西缘成为应力上的脆弱地带，进而发生撕裂。因此，笔者提出在约 2.5Ga 东部陆块北西向俯冲与阜平岛弧碰撞之后，在弧陆碰撞西缘的撕裂地带俯冲极性发生倒转（图 6－1B），新俯冲的洋壳诱使富集地幔开始熔融，导致华北克拉通中部造山带和东部陆块内大面积基性岩墙群的产生和侵入（图 6－1B）。上涌的岩浆下伏于古老下地壳的底部，并促使下地壳部分熔融，最终导致华北克拉通中部造山带和东部陆块内大面积约 2.5Ga 花岗质岩石的侵入。因此，包括研究区在内的整个华北克拉通内部大范围中的约 2.5Ga花岗质岩石和基性岩墙群具有相近的地幔源区性质，与上述推论一致。

华北克拉通内约 2.5Ga 弧-陆碰撞及随后的俯冲极性倒转事件可与全球范围内许多实例进行对比，例如 Solomon island arc、中国台湾、Apennine belt、southern Kamchatka、Philippines、northern New Guinea，它们普遍形成于世界范围内的中新生代造山带。古老造山带内的俯冲极性不仅可以通过地球物理数据来显现，而且大量的野外和构造地质数据也有助于对俯冲极性的判别。Clift 等（2003）提出俯冲碰撞事件后的极性倒转可能是由于大洋岩石圈的持续撕裂和后撤引起，大洋岩石圈的后撤为新洋壳的反向俯冲提供空间。Condie 等（2013）认为，由于地幔较高程度的熔融和更具浮力的大洋岩石圈，太古宙大洋岛弧厚度相比年轻地质时期更大，且更易于增生。笔者认为华北克拉通约 2.5Ga 弧-陆碰撞是导致随后极性倒转的主要诱因。约 2.5Ga 弧-陆碰撞导致新增生的弧-陆地体西缘成为相对脆弱的区域，最终导致俯冲极性倒转。

第七章 太古宙与显生宙混杂岩对比

混杂岩是汇聚板块边缘的典型岩石-构造组合，其广泛发育于显生宙，但在太古宙地体中较罕见。目前，全球仅有几处太古宙混杂岩的报道，尚缺乏太古宙混杂岩与显生宙混杂岩的系统对比研究。对比太古宙与显生宙混杂岩之间的相似性和差异性有助于更好地理解太古宙构造模式，进而探讨大地构造如何随时间变化而演变，但一直没有得到系统的归纳总结和对比分析。本书在新识别出的赞皇混杂岩的研究基础上，通过阅读文献，仅初步探讨了太古宙混杂岩与显生宙混杂岩的异同，有待后续总结研究。

许多太古宙地体，尤其是花岗岩-绿岩地体与显生宙俯冲增生杂岩具有非常相似的地质特征。在岩石组合上，两者基质一般由泥岩、杂砂岩和片岩组成；在构造模式上，两者均具有"岩块在基质中"的构造、褶皱、逆冲断层和剪切构造。但也存在不同点，主要如下：

(1)太古宙混杂岩未见有高压—超高压相(蓝片岩相-榴辉岩相)变质岩石和从低级到高级的渐变变质分带，例如从沸石相到榴辉岩相。较高的地温梯度和低角度的俯冲可能是导致太古宙蓝片岩相和榴辉岩相变质岩石缺少的原因，或者由于造山带后期地质作用的叠加，蓝片岩和榴辉岩也会随造山带时代越古老而逐渐减少。此外，Wakabayashi(1996)认为，受后期叠加地质过程的影响，造山带内蓝片岩和榴辉岩会随着造山带年龄的减小而更难保存下来。

(2)太古宙绿岩带更富集洋底火山岩系列，缺乏硅质碎屑沉积岩序列。太古宙时期高的火山岩系列/沉积岩系列比值可能是由广泛的大洋底下火山作用所致。相比太古宙混杂岩，显生宙混杂岩有更宽泛的岩石组合，例如碳酸岩、蓝片岩、榴辉岩、蛇纹岩、辉长岩、枕状熔岩和放射虫燧石条带等。泥页岩在显生宙混杂岩内部分布更加广泛。

第八章　对地球上板块构造运动启动时间约束

板块构造在地球上何时启动、如何启动，是地球科学领域尚未解决的核心科学问题之一。众所周知，地球上现存的“活”的板块构造不过是自中生代以来才开始的。前寒武纪时期是否存在类似今天的板块构造，一直是国际地球科学界长期争论的重大问题，部分原因是一直没能发现前寒武纪榴辉岩，也难以论证其间双变质带的存在。值得注意的是，山西恒山白马石TTG片麻岩中的高压基性麻粒岩透镜体被认为是退变榴辉岩。河北赤城古元古界红旗营子群黑云斜长片麻岩中基性高压麻粒岩透镜体也被认为是退变榴辉岩。王仁民等(1997)则通过对冀北高级变质岩石的原岩建造、变质作用、$P-T-t$ 轨迹和 $\varepsilon_{Nd}(t)$ 值等综合研究，指出华北自2.7Ga之后已从地幔柱体制向板块体制转化。近期发现的俄罗斯Kola半岛2.87Ga榴辉岩，似乎暗示中太古代时期地球上就已经出现了板块构造。最新研究表明，格陵兰岛太古宙造山带中洋壳形成年龄最早可达3.8Ga，表明板块大地构造至少起源于古太古代。但也有人认为地球早期地热状态较冷，之后慢慢变热，在新太古代—古元古代才发生板块大地构造运动。还有些学者认为早期地球表面盖层为停滞状态且伴随原位岩浆活动，存在大陆漂移但不存在俯冲带。综上所述，国际地学界对于板块构造启动时间尚未达成共识。构造缝合带作为板块碰撞的标志，其识别可为地球上板块构造启动时间提供约束。新太古代赞皇混杂岩将发育在华北克拉通东部陆块西缘的被动边缘至前陆盆地序列和华北克拉通中部造山带内的岛弧地体分隔开来。它由一系列呈构造混杂的变质泥质岩、变质砂屑岩、大理岩、石英岩、外来超基性-变辉长岩构造块体、局部包含残留枕状结构的变玄武岩以及TTG片麻岩组成。赞皇混杂岩的识别为板块构造运动启动于太古宙的推测提供了重要依据。

主要参考文献

白瑾，黄学光，王惠初，等．中国前寒武纪地壳演化[M]．北京：地质出版社，1996.

白瑾，黄学元，戴凤岩，等．中国早前寒武纪地壳演化[M]．北京：地质出版社，1993.

白瑾，戴凤岩．中国早前寒武纪的地壳演化[J]．地球学报，1994，(3—4)：73－87.

邓晋福，吴宗絮，赵国春，等．华北地台前寒武花岗岩类、陆壳演化与克拉通形成[J]．岩石学报，1999，15(2)：190－198.

耿元生，沈其韩，任留东．华北克拉通新太古代末—古元古代初的岩浆事件及构造热体制[J]．岩石学报，2010，26(7)：1945－1966.

河北省地质矿产勘查开发局．1∶200 000 区域地质调查地质图(高邑、邢台幅)[R]．河北：河北省地质局区域地质测量大队一分队，1967.

河北省地质矿产勘查开发局．1∶50 000 区域地质调查报告和地质图[R]．河北：河北省第十一地质大队，1996.

河北省地质矿产勘查开发局．河北北京天津区域志[M]．北京：地质出版社，1989.

河南省地质矿产勘查开发局．陕西省区域地质志[M]．北京：地质出版社，1989.

胡世玲，郭敬辉，戴谟，等．桑干地区高压麻粒岩中石榴石和斜长石的连续激光探针$^{40}Ar-^{39}Ar$等时年龄及其地质意义[J]．岩石学报，1999(15)：518－523.

姜春潮．中朝准地台前寒武纪地壳演化的基本轮廓[A]．国际前寒武纪地壳演化讨论会论文集(构造地质)[C]．北京：地质出版社，1986：75－86.

蒋宗盛，王国栋，肖玲玲，等．河南洛宁太华变质杂岩区早元古代变质作用 $P-T-t$ 轨迹及其大地构造意义[J]．岩石学报，2011，27(12)：3701－3717.

雷世和，胡胜军，赵占元，等．河北阜平、赞皇变质核杂岩构造及成因模式[J]．河北地质学院学报，1994，17(1)：54－64.

李基宏，杨崇辉，杜利林．河北平山深熔伟晶岩锆石成因及 SHRIMP U－Pb 年龄[J]．地球科学进展，2004(7)：55－62.

李江海，侯贵廷，刘守偈．早期碰撞造山过程与板块构造：前寒武纪地质研究的机遇和挑战[J]．地球科学进展，2006，21(8)：77－82.

刘昌实，陈小明，陈培荣，等．A 型岩套的分类、判别标志和成因[J]．高校地质学报，2003，9(4)：573－591.

刘树文，李秋根，张立飞．吕梁山前寒武纪野鸡山群火山岩的地质学、地球化学及其构造意义[J]．岩石学报，2009，25(3)：547－560.

刘树文，舒桂明，潘元明，等．电子探针独居石定年法及五台群的变质时代[J]．高校地质学报，2004(3)：356－363.

马文璞，何国琦．太行山带晚中生代岩浆活动及其构造含义[J]．地质论评，1989，29(1)：31－39．

马杏垣，游振东，谭应佳，等．中国东部前寒武纪大地构造发展的样式[J]．地质学报，1963，43(1)：27－52．

毛德宝，钟长汀，陈志宏，等．承德北部高压基性麻粒岩的同位素年龄及其地质意义[J]．岩石学报，1999(4)：524－531．

倪志耀，翟明国，王仁民，等．华北古陆块北缘退变榴辉岩的矿物化学与退变质作用 [J]．矿物学报，2004(6)：585－591．

倪志耀，翟明国，王仁民，等．华北古陆块北缘中段发现晚古生代退变榴辉岩[J]．科学通报，2004b(6)：585－591．

牛树银，陈路，许传诗，等．太行山区地壳演化及成矿规律[M]．北京：地震出版社，1994．

牛树银，许传诗，国连杰，等．太行山变质核杂岩的特征及成因探讨[J]．河北地质学院学报，1994a，17(1)：43－53．

牛树银．太行山阜平、赞皇隆起是中新生代变质核杂岩[J]．地质科技情报，1994，13(2)：15－16．

彭澎，翟明国，张华锋，等．华北克拉通 1.8Ga 镁铁质岩墙群的地球化学特征及其地质意义：以晋冀蒙交界为例[J]．岩石学报，2004，20(3)：439－456．

沈其韩，钱祥麟．中国太古宙地质体组成、阶段划分和演化[J]．地球学报，1995(2)：113－120．

万渝生，刘敦一，王世炎，等．登封地区早前寒武纪地壳演化：地球化学和锆石 SHRIMP U－Pb 年代学制约[J]．岩石学报，2009，83(7)：982－999．

王仁民，陈珍珍，赖兴运．华北太古宙从地幔柱体制向板块构造体制的转化[J]．地球科学，1997(3)：315－321．

王岳军，范蔚茗，郭锋，等．赞皇变质弯隆黑云母^{40}Ar－^{39}Ar 年代学研究及其对构造热事件的约束[J]．岩石学报，2003，19(1)：131－140．

魏颖，郑建平，苏玉平，等．怀安麻粒岩锆石 U－Pb 年代学及 Hf 同位素：华北北缘下地壳增生再造过程研究[J]．岩石学报，2013，29(7)：2281－2294．

吴昌华，钟长汀．华北陆台中段吕梁期的 SW－NE 向碰撞-晋蒙高级区孔兹岩系进入下地壳的构造机制[J]．前寒武纪研究进展，1998，21(3)：28－50．

吴元保，郑永飞．锆石成因矿物学研究及其对 U－Pb 年龄解释的制约[J]．科学通报，2004，49(16)：1589－1604．

伍家善，耿元生，沈其韩，等．中朝古大陆太古宙地质特征及构造演化[M]．北京：地质出版社，1998．

肖玲玲，蒋宗胜，王国栋，等．赞皇前寒武纪变质杂岩区变质反应结构与变质作用 $P-T-t$ 轨迹[J]．岩石学报，2011a，27(4)：980－1002．

肖玲玲，王国栋．赞皇变基性岩中锆石的 U－Pb 定年及其地质意义[J]．岩石矿物学杂，2011b，30(5)：781－794．

谢坤一，谭应佳，李占德．迁安一带太古宙构造演化与铁矿[A]．国际前寒武纪地壳演化讨论会论文集(构造地质)[C]．北京：地质出版社，1986：140－151．

薛怀民，汪应庚，马芳，等．高度演化的黄山 A 型花岗岩：对扬子克拉通东南部中生代岩石圈减薄的约束[J]．地质学报，2009，83(2)：247－259．

杨崇辉，杜利林，任留东，等．河北赞皇地块许亭花岗岩的时代及成因：对华北克拉通中部带构造演化的制约[J]. 岩石学报,2011a,27(4):1003-1016.

杨崇辉,杜利林,任留东,等. 赞皇杂岩中太古宙末期菅等钾质花岗岩的成因及动力学背景[J]. 地学前缘,2011b,18(2):62-78.

翟明国,卞爱国. 华北克拉通新太古代末超大陆拼合及古元古代末—中元古代裂解[J]. 中国科学(D),2000,30(S1):129-137.

翟明国,郭敬辉,李江海,等. 华北太古宙退变质榴辉岩的发现及其含义[J]. 科学通报,1995,40(17):1590-1594.

张福勤,刘建忠,欧阳自远. 华北克拉通基底绿岩的岩石大地构造学研究[J]. 地球物理学报,1998,41(S):99-107.

周兵,张成江,倪志耀. 冀北赤城退变榴辉岩的岩石地球化学及原岩恢复[J]. 四川地质学报,2008,28(4):339-341.

Bonin B. A-type granites and related rocks:evolution of a concept,problems and prospects [J]. Lithos,2007,97(1—2):1-29.

Chemenda A,Yang R,Hsieh C H,et al. Evolutionary model for the Taiwan collision based on physical modelling[J]. Tectonophysics,1997,274(1—3):253-274.

Clemens J D,Holloway J R,White A J R. Origin of an A-type granite:experimental constraints[J]. American Mineralogist,1986,71(3—4):317-324.

Clift P D,Schouten H,Draut A E. A general model of arc-continent collision and subduction polarity reversal fromTaiwan and the Irish Caledonides[J]. Geological Society,2003,219(1):81-98.

Collins W J,Beams S D,White A J R,et al. Nature and origin of A-type granites with particular reference to southeastern Australia[J]. Contribution to Mineralogy and Petrology,1982,80(2):189-200.

Condie K C,Kröner A. The building blocks of continental crust:evidence for a major change in the tectonic setting of continental growth at the end of the Archean[J]. Gondwana Research,2013,23(2):394-402.

Condie K C. Platė tectonics and crustal evolution[M]. Newton:Butterworth-Heinemann,1997.

Condie K C. Preservation and recycling of crust during accretionary and collisional phases of Proterozoic orogens:A bumpy road from Nuna to Rodinia[J]. Geosciences,2013,3(2):240-261.

Copper P A,Taylor B. Polarity reversal in the Solomon Islands Arc[J]. Nature,1985,314(6010):428-430.

Corfu F,Hanchar J M,Hoskin P W,et al. Atlas of zircon textures[J]. Reviews in Mineralogy and Geochemistry,2003,53(1):469-500.

Cowan D S,Brandon M T. A symmetry-based method for kinematic analysis of large-slip brittle fault zones[J]. American Journal of Science,1994,294(3):257-306.

Creaser R A,Price R C,Wormald RJ. A-type granites revisited:assessment of residual-source model[J]. Geology,1991,19(11):163-166.

de Wit M J,Jones M G,Buchanan D L. The geology and tectonic evolution of the Pitersburg greenstone belt,South Africa[J]. Precambrian Research,1992,55(1—4):123-153.

de Wit M J. On Archaean granites,greenstones,cratons and tectonics:does the evidence demand a verdict? [J]. Precambrian Research,1998,91(1—2):181 - 226.

Deng H,Kusky T M,Polat A,et al. Geochemistry of Neoarchean mafic volcanic rocks and late mafic dykes in the Zanhuang Complex,Central Orogenic Belt,North China Craton:Implications for Geodynamic setting[J]. Lithos,2013(175 - 176):193 - 212.

Deng H,Kusky T M,Polat A,et al. Geochronology,mantle source composition and geodynamic constraints on the origin of Neoarchean mafic dikes in the Zanhuang Complex,Central Orogneic Belt,North China Craton[J]. Lithos,2014(205):359 - 378.

Dewey J F,Bird J M. Mountain belts and the new global tectonics[J]. Journal of Geophysical Research,1970,75(14):2625 - 2647.

Draper G,Gutiérrez G,Lewis J F. Thrust emplacement of the Hispaniola peridotite belt:Orogenic expression of the mid-Cretaceous Caribbean arc polarity reversal? [J]. Geology,1996,24(12):1143 - 1146.

Eby G N. Chemical subdivision of the A-type granitoids:petrogenetic and tectonic implications[J]. Geology,1992,20(7):641 - 644.

Eby G N. The A-type granitoids:A review of their occurrence and chemical characteristics and speculations on their petrogenesis[J]. Lithos,1990,26(1—2):115 - 134.

Ernst W G. Alpine and Pacific styles of Phanerozic mountain building:subduction-zone petrogenesis of continental crust[J]. Terra Nova,2005,17(2):165 - 188.

Faghih A,Kusky T M,Samani B. Kinematic analysis of deformed structures in a tectonic mélange:A key unit for the manifestation of transpression along the Zagros Suture Zone,Iran[J]. Geological Magazine,2012,149(6):1107 - 1117.

Festa A,Dilek Y,Pini G A,et al. Mechanisms and processes of stratal disruption and mixing in the development of mélanges and broken formations:Redefining and classifying mélanges[J]. Tectonophysics,2012(568 - 569):7 - 24.

Fisher D,Byrne T. Structural evolution of under thrusted sediments,Kodiak Islands,Alaska[J]. Tectonics,1987,6(6):775 - 793.

Fryer P,Lockwood J P,Becker N,et al. Significance of serpentine mud volcanism in convergent margin. [J]. Geological Society of America Special Paper,2000(349):35 - 51.

Geng Y S,Liu F L,Yang C H. Magmatic event at the end of the Archean in eastern Hebei Province and its geological implication[J]. Acta Geologica Sinica(English Version),2006,80(6):819 - 833.

Guo J H,Sun M,Chen F K,et al. Sm - Nd and SHRIMP U - Pb zircon geochronology of high-pressure granulites in the Sanggan area,North China Craton:timing of Paleoproterozoic continental collision[J]. Journal of Asian Earth Sciences,2005,24(5):629 - 642.

Guo J H,Zhai M G. Sm - Nd age dating of high-pressure granulites and amphibolites from Sanggan area,North China craton[J]. Chinese Science Bulletin,2001,46(2):106 - 111.

Halls H C,Li J H,Davis D,et al. A precisely dated Proterozoic palaeomagnetic pole from the North China craton,and its relevance to palaeocontinental reconstruction[J]. Geophysical Journal International,2000,143(1):185 - 203.

Hamilton W B. Archean magmatism and deformation were not products of plate tectonics[J]. Precambrian Research,1998,91(1—2):143 - 179.

Hashimoto Y,Kimura G. Underplating process from mélange formation to duplexing:Examples from the Cretaceous Shimanto Belt, Kii Peninsula, southwest Japan[J]. Tectonics, 1999, 18(1): 92 - 107.

Hoskin P W,Schaltegger U. The composition of zircon and igneous and metamorphic petrogenesis[J]. Reviews in Mineralogy and Geochemistry,2003,53(1):27 - 62.

Hou G T,Liu Y L,Li J H. Evidence for 1. 8 Ga extension of the Eastern Block of the North China Craton from SHRIMP U - Pb dating of mafic dyke swarms inShandong Province[J]. Journal of Asian Earth Science,2006,27(4):392 - 401.

Huang X L,Niu Y L,Xu Y G,et al. Geochemistry of TTG and TTG-like gneisses from Lushan-Taihua Complex in the southern North China Craton:Implications for late Archean crustal accretion[J]. Precambrian Research,2010,182(1—2):43 - 56.

Jian P,Kröner A,Windley B F,et al. Episodic mantle melting-crustal reworking in the late Neoarchean of the northwestern North China Craton: Zircon ages of magmatic and metamorphic rocks from the Yinshan Block[J]. Precambrian Research,2012(222 - 223):230 - 254.

Kano K, Nakaji M, Takeuchi S. Asymmetrical mélange fabrics as possible indicators of the convergent direction of plates:A case study from the Shimanto Belt of theAkaishi Mountains,central Japan[J]. Tectonophysics,1991,185(3—4):375 - 388.

Kapp P,Yin A,Manning C E,et al. Tectonic evolution of the early Mesozoic blueschist-bearing Qiangtang metamorphic belt,Central Tibet[J]. Tectonics,2003,22(4):1043.

King P L,Chappell B W,Allen C M,et al. Are A-type granites the high temperature felsic granites? Evidence from fractionated granites of the Wangrah Suite[J]. Australian Journal of Earth Sciences,2001,48(4):501 - 514.

King P L,White A J R,Chappell B W,et al. Characterization and origin of aluminous A-type granites fromthe Lachlan Fold Belt,Southeastern Australia[J]. Journal of Petrology,1997,38(3): 371 - 391.

Konstantinovskaia E. Arc-continent collision and subduction reversal in the Cenozoic evolution of the Northwest Pacific:an example from Kamchatka(NE Russia)[J]. Tectonophysics,2001,333 (1—2):75 - 94.

Kröner A,Cui W Y,Wang C Q,et al. Single zircon ages from high-grade rocks of the Jianping Complex,Liaoning Province,NE China[J]. Journal of Asian Earth Sciences,1998,16(5 - 6):519 - 532.

Kröner A,Wilde S A,Zhao G C,et al. Zircon geochronology of mafic dykes in the Hengshan Complex of northern China: Evidence for Late Palaeoproterozoic rifting and subsequent high pressure event in the North China Craton[J]. Precambrian Research,2006,146(1—2):45 - 67.

Kusky T M,Bradley D C. Kinematic analysis of mélange fabrics: Examples and applications from the McHugh Complex, Kenai Peninsula, Alaska[J]. Journal of Structural Geology, 1999, 21(12):1773 - 1797.

Kusky T M,Li J H,Santosh M. The Paleoproterozoic North Hebei orogen:North China Craton′s collisional suture with the Columbia Supercontinent[J]. Gondwana Research,2007b,12(1—2):4 - 28.

Kusky T M,Li J H,Tucker R D. The Archean Dongwanzi ophiolite complex,North China craton:2. 505 - billion-year-old oceanic crust and mantle[J]. Science,2001,292(5519):1142 - 1145.

Kusky T M,Li J H. Paleoproterozoic tectonic evolution of theNorth China craton[J]. Journal of Asian Earth Sciences,2003b,22(4):383 - 397.

Kusky T M,Li X Y,Wang Z S,et al. Are Wilson Cycles preserved in Archean cratons? A comparison of the North China and Slave cratons[J]. Canadian Journal of Earth Science,2014,51(3):297 - 311.

Kusky T M,Polat A. Growth of granite-greenstone terranes at convergent margins,and stabilization of Archean cratons[J]. Tectonophysics,1999,305(1—3):43 - 73.

Kusky T M,Windley B F,Zhai M G. Tectonic evolution of the North China Block:from orogen to craton toorogeny[A]. In:Zhai M G,Windley B F,Kusky T M,et al. Mesozoic Sub-continental Lithospheric Thinning Under Eastern Asia[C]. London:Geological Society of London,Special Publication,2007a. 280(1):1 - 34.

Kusky T M. Comparison of results of recent seismic profiles with tectonic models of the North China Craton[J]. Journal of Earth Science,2011a,22(2):250 - 259.

Kusky T M. Evidence for Archean ocean opening and closing in the southernSlave Province[J]. Tectonics,1990,9(6):1533 - 1563.

Kusky T M. Geophysical and geological tests of tectonic models of the North China Craton[J]. Gondwana Research,2011b,20(1):26 - 35.

Lebron M C,Perfit M R. Stratigraphic and Petrochemical Data Support Subduction Polarity Reversal of the Cretaceous Caribbean Island Arc[J]. The Journal of Geology,1993,101(3):389 - 396.

Li J H,Kusky T M. A Late Archean foreland fold and thrust belt in the North China Craton:Implications for early collisional tectonics[J]. Gondwana Research,2007. 12(1—2):47 - 66.

Li T S,Zhai M G,Peng P,et al. 2. 5Ga billion year old coeval ultramafic-mafic and syenitic dykes in Eastern Hebei:Implications for cratonization of the North China Craton[J]. Precambrian Research,2010,180(3):143 - 155.

Lightfoot P C,Hawkesworth C J,Hergt J,et al. Remobilisation of the continental lithosphere by a mantle plume:major-,trace-element,and Sr -,Nd -,and Pb-isotope evidence from picritic and tholeiitic lavas of the Noril′sk District,Siberian Trap,Russia[J]. Contributions to Mineralogy and Petrology,1993,114(22):171 - 188.

Liu D Y,Page R W,Compston W,et al. U - Pb zircon geochronology of late Archaean metamorphic rocks in the Taihangshan-Wutaishan area,North China[J]. Precambrian Research,1985(1—3),27:85 - 109.

Liu D Y,Shen Q H,Zhang Z Q,et al. Archean crustal evolution in China:U - Pb geochronology of the Qianxi Complex[J]. Precambrian Research,1990,48(3):233 - 244.

Lu J S, Wang G D, Wang H, et al. Metamorphic $P - T - t$ paths retrieved from the amphibolites, Lushan terrane, Henan Province and reappraisal of the Paleoproterozoic tectonic evolution of the Trans-North China Orogen[J]. Precambrian Research,2013(238):61 - 77.

Lu S N, Zhao G C, Wang H C, et al. Precambrian metamorphic basement andsedimentary cover of the North China Craton: Review[J]. Precambrian Research, 2008, 160(1—2): 77 - 93.

McKenzie D P. Speculations on the consequences and causes of plate motions[J]. Geophysical Journal of the Royal Astronomical Society, 1969, 18(1): 1 - 32.

Middelburg J J, van der Weijden C H, Woittiez J R. Chemical processes affecting the mobility of major, minor and trace elements during weathering of granitic rocks[J]. Chemical Geology, 1988, 68(3—4): 253 - 273.

Miller C F, McDowell S M, Mapes R W. Hot and cold granites? Implications of zircon saturation temperatures and preservation of inheritance[J]. Geology, 2003, 31(6): 529 - 532.

Mints M V, Belousova E A, Konilov AN, et al. Mesoarchean subduction processes: 2. 87 Ga eclogites from the Kola Peninsula, Russia[J]. Geology, 2010, 38(8): 739 - 742.

Needham D T, Mackenzie J S. Structural evolution of the Shimanto belt accretionary complex in the area of the Gokase River, Kyushu, SW Japan[J]. Journal of the Geological Society of London, 1988, 145(1): 85 - 94.

Needham D T. Asymmetric extensional structures and their implication for the generation of mélanges[J]. Geological Magazine, 1987, 124(4): 311 - 318.

Nutman A P, Wan Y S, Du L L, et al. Multistage late Neoarchean crustal evolution of the North China Craton, eastern Hebei[J]. Precambrian Research, 2011, 189(1—2): 43 - 65.

Onishi C T, Kimura G. Change in fabric of mélange in the Shimanto Belt, Japan: Change in relative convergence? [J]. Tectonics, 1995, 14(6): 1273 - 1289.

Ordóñez-Calderón J C, Polat A, Fryer B J, et al. Evidence for HFSE and REE mobility during calc-silicate metasomatism, Mesoarchean (~3075Ma) Ivisaartoq greenstone belt, southern West Greenland[J]. Precambrian Research, 2008, 161(3—4): 317 - 340.

O'Neil J, Francis D, Carlson R W. Implications of the Nuvvuagittuq greenstone belt for the formation of Earth's early crust[J]. Journal of Petrology, 2011, 52(5): 985 - 1009.

Panahi A, Young G M, Rainbird R H. Behavior of major and trace elements(including REE) during Paleoproterozoic pedogenesis and diagenetic alteration of an Archean granite nearVille Marie, Quebec, Canada[J]. Geochimica et Cosmochimica Acta, 2000, 64(13): 2199 - 2220.

Patiño Douce A E P, Beard J S. Dehydration-melting of biotite gneiss and quartz amphibolite from 3 to 15 kbar[J]. Journal of Petrology, 1995, 36(3): 707 - 738.

Patiño Douce A E P. Generation of metaluminous A-type granites by low pressure melting of calc-alkaline granitoids[J]. Geology, 1997, 25(8): 743 - 746.

Peng P, Wang X P, Windley B F, et al. Spatial distribution of - 1950 - 1800 Ma metamorphic events in the North China Craton: Implications for tectonic subdivision of the craton[J]. Lithos, 2014(202 - 203): 250 - 266.

Peng P, Zhai M G, Guo J H, et al. Nature of mantle source contributions and crystal differentiation in the petrogenesis of the 1. 78 Ga mafic dykes in the central North China craton[J]. Gondwana Research, 2007, 12(1—2): 29 - 46.

Peng P, Zhai M G, Zhang H F, et al. Geochronological constraints on the Paleoproterozoic evolution of t he North China Craton:SHRIMP zircon ages of different types of mafic dikes[J]. International Geology Review,2005,47(5):492 - 508.

Peng T P,Wilde S A,Fan W M,et al. Late Neoarchean potassic high Ba - Sr granites in the Taishan granite-greenstone terrane:Petrogenesis and implications for continental crustal evolution[J]. Chemical Geology,2013(344):23 - 41.

Polat A,Herzberg C,Munker C,et al. Geochemical and petrological evidence for a suprasubduction zone origin of Neoarchean(ca. 2. 5 Ga) peridotites,central orogenic belt,North China craton[J]. Geological Society of America Bulletin,2006,118(7):771 - 784.

Polat A,Hofmann A W. Alteration and geochemical patterns in the 3. 7 - 3. 8 Ga Isua greenstone belt,West Greenland[J]. Precambrian Research,2003,126(3—4):197 - 218.

Polat A,Kerrich R,Wyman D A. The late Archean Schreiber-Hemlo and White River Dayohessarah greenstone belts,Superior Province:Collages of oceanic plateaus,oceanic arcs,and subduction-accretion complexes[J]. Tectonophysics,1998,289(4):295 - 326.

Polat A,Kerrich R. Formation of an Archean tectonic mélange in the Schreiber-Hemlo greenstone belt,Superior Province,Canada:Implication for Archean subduction-accretion process[J]. Tectonics,1999,18(5):733 - 755.

Polat A,Kusky T M,Li J H,et al. Geochemistry of the Late Archean(ca. 2. 55 - 2. 50 Ga) volcanic and ophiolitic rocks in the Wutaishan Greenstone Belt,Central Orogenic Belt,North China Craton:Implications for geodynamic setting and continental growth[J]. Geological Society of America Bulletin,2005,117(11):1387 - 1399.

Pubellier M,Bader A G,Rangin C,et al. Upper plate deformation induced by subduction of a volcanic arc:the Snellius Plateau(Molucca Sea,Indonesia and Mindanao,Philippines)[J]. Tectonophysics,1999,304(4):345 - 368.

Rubatto D. Zircon trace element geochemistry:partitioning with garnet and the link between U - Pb ages and metamorphism[J]. Chemical Geology,2002,184(1—2):123 - 138.

Singleton J S,Cloos M. Kinematic analysis of mélange fabrics in the Franciscan Complex nearSan Simeon,California:Evidence for sinistral slip on the Nacimiento fault zone? [J]. Lithosphere,2012,5(2):179 - 188.

Skjerlie K P,Johnston A D. Fluid-absent melting behaviour of an F-rich tonalite gneiss at mid-crustal pressures:implications for the generation of anorogenic granites[J]. Journal of Petrology,1993,34(4):785 - 815.

Sun S S,McDonough W F. Chemical and isotopic systematics of oceanic basalts:implications for mantle composition and processes[A]. In:Saunders AD,Norry MJ,Eds. Magmatism of the Ocean Basins[C]. London:Geological Society of London Special Publication,1989:313 - 345.

Şengör A M C,Natalin B A. Paleotectonics ofAsia:Fragment of a synthesis[A]. In:Yin A,Harrison T M. Eds. The Tectonics of Asia[C]. New York:Cambridge University Press,1996:486 - 640.

Taira A,Katto J,Tashiro M,et al. The Shimanto Belt in Shikoku,Japan-evolution of Cretaceous to Miocene accretionary prism[J]. Modern Geology,1988(12):5 - 46.

Taira A,Pickering K T,Windley B F,et al. Accretion of Japanese island arcs and implications for the origin of Archean greenstone belts[J]. Tectonics,1992,11(6):1224 - 1244.

Tang J,Zheng Y F,Wu Y B,et al. Geochronology and geochemistry of metamorphic rocks in the Jiaobei terrane:Constraints on its tectonic affinity in the Sulu orogen[J]. Precambrian Research, 2007,152(1—2):48 - 82.

Taylor S R,McLennan. The geochemical evolution of the continental crust[J]. Rev. Geophys, 1995,33(2):241 - 265.

Teng L S,Lee C,Tsai Y,et al. Slab breakoff as a mechanism for flipping of subduction polarity in Taiwan[J]. Geology,2000(28):155 - 158.

Thompson R N,Morrison M A. Asthenospheric and lower-lithospheric mantle contributions to continental extensional magmatism: An example from theBritish Tertiary Province[J]. Chemical Geology,1988,68(1—2):1 - 15.

Trap P,Faure M,Lin W,et al. Paleoproterozoic tectonic evolution of the Trans-North China Orogen:Toward a comprehensive model[J]. Precambrian Research,2012(222 - 223):191 - 211.

Trap P,Faure M,Lin W,et al. Syn-collisional channel flow and exhumation of Paleoproterozoic high pressure rocks in the Trans-North China Orogen:The critical role of partial-melting and orogenic bending[J]. Gondwana Research,2011,20(2—3):498 - 515.

Trap P,Faure M,Lin W,et al. The Luliang Massif:A key area f or the understanding of the Palaeoprot erozoic Trans-North China Belt,North China Craton[J]. Journal of the Geological Society, London,Special Publications,2009b,33(1):99 - 125.

Trap P,Faure M,Lin W,et al. The Zanhuang Massif,the second and eastern suture zone of the Paleoproterozoic Trans-North China Orogen[J]. Precambrian Research,2009a,172(1—2):80 - 98.

Ujiie K. Evolution and kinematics of an ancient décollement zone, mélange in the Shimanto accretionary complex of Okinawa Island, Ryukyu Arc[J]. Journal of Structural Geology, 2002, 24(5):937 - 955.

Ukar E,Cloos M. Low-temperature blueschist-facies mafic blocks in the Fraciacan melange,San Simon,California: Field relations, petrology, and counterclockwise P - T paths[J]. Bulletin of Geological Society of America,2014,126(5 - 6):831 - 856.

Ukar E. Tectonic significance of low-temperature blueschist blocks in the Franciscan melange at San Simeon,California[J]. Tectonophysics,2012(568—569):154 - 169.

Ustaszewski K,Wu Y M,Suppe J,et al. Crust-mantle boundaries in the Taiwan-Luzon arc-continent collision system determined from local earthquake tomography and 1D models: Implications for the mode of subduction polarity reversal[J]. Tectonophysics,2012(578):31 - 49.

Vignaroli G,Faccenna C,Jolivet L,et al. Subduction polarity reversal at the junction between the Western Alps and the Northern Apennines,Italy[J]. Tectonophysics,2008,450(1—4):34 - 50.

Wakabayashi J,Dilek Y. Introduction: Characteristics and tectonic settings of mélanges, and their significance for societal and engineering problems[J]. Geological Society of America Special Papers,2011(480):5 - 10.

Wakabayashi J. Anatomy of a subduction complex:architecture of the Franciscan Complex,California,at multiple length and time scales[J]. International Geology Review,2015,57(5 - 8):1 - 78.

Wakabayashi J. Subducted sedimentary serpentinite mélanges: Record of multiple burial-exhumation cycles and subduction erosion[J]. Tectonophysics, 2012(568 - 569): 230 - 247.

Wakabayashi J. Tectono-metamorphic impact of a subduction-transform transition and implications for interpretation of orogenic belts[J]. International Geology Review, 1996, 38(11): 979 - 994.

Waldron J W F, Turner D, Stevens K M. Stratal disruption and development of mélange, westernNewfoundland: effect of high fluid pressure in an accretionary terrain during ophiolite emplacement[J]. Journal of Structural Geology, 1988, 10(8): 861 - 873.

Wan Y S, Dong C Y, Liu D Y, et al. Zircon ages and geochemistry of Late Neoarchean syenogranites in the North China Craton: A review[J]. Precambrian Research, 2012 (222 - 223): 265 - 289.

Wan Y S, Liu D Y, Wang S J, et al. Juvenile magmatism and crustal recycling at the end of the Neoarchean in western Shandong Province, North China Craton: Evidence from SHRIMP zircon dating[J]. American Journal of Sciences, 2010, 310(10): 1503 - 1552.

Wan Y S, Wilde S A, Liu D Y, et al. Further evidence for 1.85 Ga metamorphism in the Central Zone of the North China Craton: SHRIMP U - Pb dating of zircon from metamorphic rocks in the Lushan area, Henan Province[J]. Gondwana Research, 2006a, 9(1—2): 189 - 197.

Wang J P, Deng H, Kusky T M, et al. Comments on "Paleoproterozoic arc-continent collision in the North China Craton: Evidence from the Zanhuang Complex" by Li et al. (2016), Precambrian Research 286: 281 - 305[J]. Precambrian Research, 2018(304): 171 - 173.

Wang J P, Deng H, Kusky T M, et al. Comments to "Paleoproterozoic meta-carbonates from the central segment of the Trans-North China Orogen: Zircon U - Pb geochronology, geochemistry, and carbon and oxygen isotopes" by Tang et al., 2016, Precambrian Research 284: 4 - 29[J]. Precambrian Research, 2017c(294): 344 - 349.

Wang J P, Kusky T M, Polat A, et al. A late Archean tectonic mélange belt in the Central Orogenic Belt, North China Craton[J]. Tectonophysics, 2013(608): 929 - 946.

Wang J P, Kusky T M, Polat A, et al. Sea-floor Metamorphism Recorded in Epidosites from the ca. 1.0 Ga Miaowan Ophiolite, Huangling Anticline, China[J]. Journal of Earth Science, 2012, 23(5): 696 - 704.

Wang J P, Kusky T M, Wang L, et al. A Neoarchean subduction polarity reversal event in the North China Craton[J]. Lithos, 2015(220 - 223): 133 - 146.

Wang J P, Kusky T M, Wang L, et al. Petrogenesis and geochemistry of circa 2.5 Ga granitoids in the Zanhuang Massif: Implications for magmatic source and Neoarchean metamorphism of the North China Craton[J]. Lithos, 2017b(268 - 271): 149 - 162.

Wang J P, Kusky T M, Wang L, et al. Structural relationship along a Neoarchean arc-continental collision zone, North China Craton[J]. Geological Society of America Bulletin, 2017a, 129(1—2): 59 - 75.

Wang K Y, Li J L, Hao J, et al. The Wutaishan orogenic belt within the Shanxi Province, northern China: A record of late Archcan collision tectonics[J]. Precambrian Research, 1996, 78(1—3): 95 - 103.

Wang X,Zhu W,Ge R,et al. Two episodes of Paleoproterozoic metamorphosed mafic dykes in the Lvliang Complex:implications for the evolution of the Trans-North China Orogen[J]. Precambrian Research,2014(243):133 - 148.

Wang Y J,Fan W M,Zhang Y H,et al. Structural evolution and 40Ar/39Ar dating of the Zanhuang metamorphic domain in the North China Craton:constraints on Paleoproterozoic tectonothermal overprinting[J]. Precambrian Research,2003,122(1—4):159 - 182.

Wang Y J,Fan W M,Zhang Y H. Geochemical,$^{40}Ar/^{39}Ar$ geochronological and Sr - Nd isotopic constraints on the origin of Paleoproterozoic mafic dikes from the southern Taihang Mountains and implications for the 1800Ma event of the North China Craton[J]. Precambrian Research,2004,135(1—2):55 - 79.

Watson E B,Harrison T M. Zircon saturation revisited:Temperature and composition effects in a variety of crustal magma types[J]. Earth and Planetary Science Letters,1983,64(2):295 - 304.

Whalen J B,Currie K L,Chappell BW. A-type granites:Geochemical characteristics,discrimination and petrogenesis[J]. Contribution to Mineralogy and Petrology,1987(95):407 - 419.

Wilde S A,Cawood P A,Wang K Y,et al. Granitoid evolution in the Late Archean Wutai Complex,North China Craton[J]. Journal of Asian Earth Sciences,2005,24(5):597 - 613.

Wilde S A,Cawood P A,Wang K Y. The relationship and timing of granitoid evolution with respect to felsic volcanism in the Wutai Complex,North China Craton[A]. In:Proceedings of the 30th International Geological Congress,Beijing[C]. Amsterdam: VSP International Science Publishers,1997:75 - 87.

Windley B F. Uniformitarianism today:Plate tectonics is the key to the past[J]. Journal of the Geological Society,1993,150(1):7 - 19.

Wu M,Zhao G,Sun M,et al. Tectonic affinity and reworking of the Archaean Jiaodong Terrane in the Eastern Block of the North China Craton:evidence from LA - ICP - MS U - Pb zircon ages[J]. Geological Magazine,2014,151(2):365 - 371.

Wu M,Zhao G,Sun M,et al. Petrology and P - T path of the Yishui mafic granulites:implications for tectonothermal evolution of the Western Shandong Complex in the Eastern Block of the North China Craton[J]. Precambrian Research,2012(222 - 223):312 - 324.

Wu Y B,Zheng Y F. Genesis of zircon and its constraints on interpretation of U - Pb age[J]. Chinese Science Bulletin,2004(49):1554 - 1569.

Xiao L L,Liu F L,Chen Y. Metamorphic $P - T - t$ paths of the Zanhuang metamorphic complex:Implications for the Paleoproterozoic evolution of the Trans-North China orogeny[J]. Precambrian Research,2014,255(1):216 - 235.

Yang C H,Du L L,Ren L D,et al. Delineation of the ca. 2. 7 Ga TTG gneisses in the Zanhuang Complex,North China Craton and its geological implications[J]. Journal of Asian Earth Sciences,2013(72):178 - 189.

Yang J H,Wu F Y,Wild S A,et al. Petrogenesis and geodynamics of Late Archean magmatism in eastern Hebei,eastern North China Craton:geochronological,geochemical and Nd - Hf isotopic evidence[J]. Precambrian Research,2008,167(1—2):125 - 149.

Zhai M G, Bian A G, Zhao T P. The amalgamation of the supercontinent of North China craton at the end of the Neoarchaean, and its break-up during the late Palaeoproterozoic and Mesoproterozoic[J]. Science in China(Series D), 2000, 43(S): 219 - 232.

Zhai M G, Guo J H, Liu W. Neoarchean to Paleoproterozoic continental evolution and tectonic history of the North China Craton: a review[J]. Journal of Asian Earth Sciences, 2005, 24(5): 547 - 561.

Zhai M G, Santosh M. The early Precambrian odyssey of the North China Craton: A synoptic overview[J]. Gondwana Research, 2011, 20(1): 6 - 25.

Zhai M G. Cratonization and the ancientNorth China continent: a summary and review[J]. Science China Earth Sciences, 2011(54): 1110 - 1120.

Zhai M G. Multi-stage crustal growth and cratonization of the North China Craton[J]. Geoscience Frontiers, 2014, 5(4): 457 - 469.

Zhai M G. Precambrian geological events in theNorth China craton[A]. In: Malpas J, Fletcher CJN, Ali JR, et al. eds. Tectonic Evolution of China[C]. London: Geological Society of London Special Publication, 2004: 57 - 72.

Zhang H F, Zhai M G, Santosh M, et al. Geochronology and petrogenesis of Neoarchean potassic meta-granites from Huai'an Complex: Implications for the evolution of the North China Craton[J]. Gondwana Research, 2011, 20(1): 82 - 105.

Zhang J, Zhang H F, Lu X X. Zircon U - Pb age and Lu - Hf isotope constraints on Precambrian evolution of continental crust in the Songshan area, the south-central North China Craton[J]. Precambrian Research, 2013(226): 1 - 20.

Zhang J, Zhao G C, Li S Z, et al. Deformation history of the Hengshan Complex: Implications for the tectonic evolution of the Trans-North China Orogen[J]. Journal of Structral Geology, 2007, 29(6): 933 - 949.

Zhao G C, Cawood P A, Wilde S A, et al. Amalgamation of the North China Craton: key issues and discussion[J]. Precambrian Research, 2012(222 - 223): 55 - 76.

Zhao G C, Cawood P A, Wilde S A, et al. High-pressure granulites(retrograded eclogites) from the Hengshan Complex, North China Craton: Petrology and tectonic implications[J]. Journal of Petrology, 2001a, 42(6): 1141 - 1170.

Zhao G C, Cawood P A, Wilde S A, et al. Metamorphism of basement rocks in the Central Zone of the North China Craton: Implications for Paleoproterozoic tectonic evolution[J]. Precambrian Research, 2000a, 103(1—2): 55 - 88.

Zhao G C, Guo J H. Precambrian Geology ofChina: Preface[J]. Precambrian Research, 2012 (222 - 223): 1 - 12.

Zhao G C, Wilde S A, Cawood P A, et al. SHRIMP U - Pb zircon ages of the Fuping Complex: Implication for late Archean to Paleoproterozoic accretion and assembly of the North China Craton[J]. American Journal of Science, 2002, 302(3): 191 - 226.

Zhao G C, Wilde S A, Cawood P A, et al. Archean blocks and their boundaries in the North China Craton: Lithological, geochemical, structural and P - T path constraints and tectonic evolution[J]. Precambrain Research, 2001, 107(1—2): 45 - 73.

Zhao G C, Wilde S A, Cawood P A, et al. Petrology and $P-T-t$ path of the Fuping mafic granulites: implications for tectonic evolution of the central zone of the North China Craton[J]. Journal of Metamorphic Petrology, 2000b, 18(4): 375 - 391.

Zhao G C, Wilde S A, Sun M, et al. SHRIMP U - Pb zircon geochronology of the Huai'an Complex: Constraints on Late Archean to Paleoproterozoic magmatic and metamorphic events in the Trans-North China Orogen[J]. American Journal of Science, 2008, 308(3): 270 - 303.

Zhou Y Y, Zhao T P, Wang C Y, et al. Geochronology and geochemistry of 2.5 to 2.4 Ga granitic plutons from the southern margin of the North China Craton: implications for a tectonic transition from arc to post-collisional setting[J]. Gondwana Research, 2011, 20(1): 171 - 183.